SCRATCH
创意编程进阶
—— 多学科融合编程100例 ——

◎ 谢声涛 编著

清华大学出版社

北京

内 容 简 介

　　本书是一部将 Scratch 图形化编程与数学、物理、艺术等多学科融合的创意编程进阶教材,分为视错觉、动画与艺术、趣味游戏、历史文化、数学可视化、奇妙分形、物理探索、机械结构、自动控制 9 大主题,提供 100 个创意编程作品用于进阶学习。青少年在学习创作这些作品的过程中,能够提高 Scratch 图形化编程技能,增强学习和运用各学科知识的兴趣,培养人工智能时代不可或缺的计算思维能力。

　　本书适合具有 Scratch 图形化编程基础的青少年和编程爱好者阅读,也适合少儿编程培训教师作为教学案例设计的参考读物。

图书在版编目(CIP)数据

Scratch 创意编程进阶:多学科融合编程 100 例 / 谢声涛编著.
北京:清华大学出版社,2025.1. -- ISBN 978-7-302-67974-5

Ⅰ.TP311.1

中国国家版本馆 CIP 数据核字第 2025ZP0341 号

责任编辑:王剑乔
封面设计:刘　键
责任校对:李　梅
责任印制:宋　林

出版发行:清华大学出版社
　　　网　　　址:https://www.tup.com.cn,https://www.wqxuetang.com
　　　地　　　址:北京清华大学学研大厦 A 座　　　邮　　编:100084
　　　社　总　机:010-83470000　　　　　　　　邮　　购:010-62786544
　　　投稿与读者服务:010-62776969,c-service@tup.tsinghua.edu.cn
　　　质量反馈:010-62772015,zhiliang@tup.tsinghua.edu.cn
　　　课件下载:https://www.tup.com.cn,010-83470410
印　装　者:涿州汇美亿浓印刷有限公司
经　　销:全国新华书店
开　　本:185mm×260mm　　　印　张:16　　　　　　字　　数:385 千字
版　　次:2025 年 1 月第 1 版　　　　　　　　　　印　　次:2025 年 1 月第 1 次印刷
定　　价:98.00 元

产品编号:106735-01

前　言

Scratch 是一款深受青少年喜爱的图形化编程软件，可与各个学科结合，将各种创意快速编程实现，创作出丰富多彩的多媒体作品。

本书是一部将 Scratch 编程与数学、物理、艺术等多学科融合的创意编程进阶教材，按照视错觉、动画与艺术、趣味游戏、历史文化、数学可视化、奇妙分形、物理探索、机械结构、自动控制 9 大主题，精心设计和制作了 100 个创意编程作品，为广大青少年提供了一本学习 Scratch 与多学科融合编程的参考读物。

用 Scratch 编程可以创作视错觉题材的作品。可以体验黑林错觉，观察直线变成弯曲的；或是体验艾宾浩斯错觉，观察同一个图形时而变大、时而变小；还可以体验追逐丁香视错觉，观察"无中生有"的现象。

用 Scratch 编程可以创作各类动画艺术或趣味游戏作品。可以呈现"鱼戏莲叶间""清明时节雨纷纷"等古诗中描写的情形，以动画形式生动地展现在屏幕上供人观赏；或是在狙击手游戏中为狙击枪配备一个多倍瞄准镜，让玩家在游戏中获得更好的临场体验；还可以编写青蛙跳之类的益智游戏，与小伙伴来一场智力的比拼。

用 Scratch 编程可以创作物理或机械结构题材的作品。可以探索天体运动，演示地球、月球等天体在太阳系中的运动轨迹；或是进行电子电路实验，探索欧姆定律在串、并联电路中的应用；还可以探索机械结构，观察切比雪夫连杆机构、曲柄摇杆机构、摆动导杆机构等的运动特点。

用 Scratch 编程可以创作数学可视化题材的作品。可以直观地演示三角形内角和为180 度、多边形外角和为 360 度等，帮助学生理解抽象的数学知识；可以利用青朱出入图、赵爽弦图等方式证明勾股定理，感受中国古代优秀的数学文化；还可以通过绘制谢尔宾斯基三角形、龙曲线、勾股树等分形图，感受递归与分形的奇妙魅力。

用 Scratch 编程可以创作历史文化题材的作品。可以制作数字博物馆程序，通过欣赏各个时期的文物图片，感受中国灿烂的历史文化；可以设计超长图片播放程序，用来全景展示"千里江山图""清明上河图"等传世名画；还可以编写九宫格诗词程序，看看谁能将零散的汉字连成诗句。

此外，用 Scratch 编程还可以创作自动控制题材的作品。可以进行机器人仿真实验，探索不同数量的传感器探头的自动控制逻辑，让小猫或小车等角色在不规则的线路或空间中自动前进。

一言以蔽之，本书通过 100 个多学科融合的创意编程作品，帮助青少年提高 Scratch 图形化编程技能，增强学习和运用各学科知识的兴趣，培养人工智能时代不可或缺的计算思维能力。

本书配套有各个案例作品的资源包，包括作品演示视频和作品模板文件。读者在学习创作案例作品时，先观看作品演示视频，了解作品实现的功能和呈现的效果，然后在作品模板文件的基础上进行创作。作品模板文件中预置有各个角色素材和部分代码，读者对照本书内容将角色的代码补充完整，即可得到一个可以运行的作品。通过关注微信公众号"小海豚科学馆"，在公众号菜单"资源"→"图书资源"中可获取本书资源包的下载方式。

本书适合希望进一步提高编程技能的青少年和编程爱好者阅读，也适合少儿编程培训教师作为教学案例设计的参考读物。

好了，让我们开始妙趣横生的 Scratch 创意编程之旅吧！

谢声涛

2024 年 6 月

目 录

第1章 视 错 觉

1.1 直线变弯

?! 作品描述

  该作品用于验证一种经典的视错觉——黑林错觉,作品效果见图 1-1-1。19 世纪初,德国心理学家艾沃德·黑林发现,平行的直线在放射线的干扰下,会使人对线条和形状的感知产生错误,认为直线发生了弯曲。

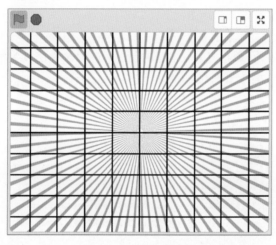

图 1-1-1　作品效果图

💡 创作思路

  绘制由水平和垂直的两组平行直线构成的网格,并控制网格在舞台上移动,使"直线变弯"的错觉更容易被观察。为简化编程,利用克隆技术生成水平和垂直的两组直线克隆体,并使用滑行运动积木使这些直线克隆体在舞台上平滑移动。

📋 编程实现

  先观看资源包中的作品演示视频 1-1.mp4,再打开模板文件 1-1.sb3 进行项目创作。

（1）导入有放射线的背景图。

从 Scratch 背景库中找到名为 Rays 的图片，将其导入项目中作为舞台的背景。Rays 图片包含一组由中心向四周发散的放射线，可以直接在本项目中使用。

（2）创建"横线"角色并编写代码。

首先创建一个空角色，并将角色名称修改为"横线"；然后使用绘图编辑器工具栏中的线段工具在画布上画出一条与舞台等宽的直线段，并将其大小调整为 4，轮廓颜色设为黑色；接着切换到"横线"角色的代码区，编写如图 1-1-2 所示的代码。

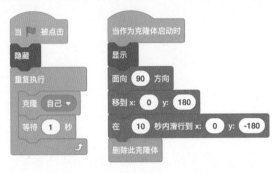

图 1-1-2 "横线"角色的代码

当项目运行后，"横线"角色负责不断地创建水平方向的直线克隆体，并使其从舞台的顶部边缘在 10 秒内平滑移动到舞台底部边缘。

（3）创建"竖线"角色并编写代码。

在角色列表中将"横线"角色复制一份，并将新角色的名称修改为"竖线"。然后，切换到"竖线"角色的代码区，编写如图 1-1-3 所示的代码。

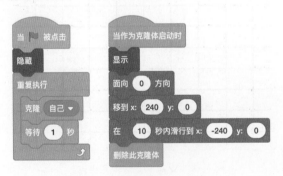

图 1-1-3 "竖线"角色的代码

当项目运行后，"竖线"角色负责不断地创建垂直方向的直线克隆体，并使其从舞台的右侧边缘在 10 秒内平滑移动到舞台的左侧边缘。

当两个角色的代码同时运行后，将在舞台上产生一个平滑移动的网格。由于受到背景图中放射线的干扰，可以观察到直线变弯的假象。并且，在舞台中部放射线密集的地方，直线弯曲的幅度更大。

1.2 闪现的暗点

作品描述

该作品用于验证一种栅格交叉点上明暗飘忽、闪来闪去的视错觉——栅格错觉,作品效果见图 1-2-1。最初的栅格错觉是由卢迪马尔·赫尔曼在 1870 年发现的,栅格图案的构成相当简单,由黑色方块整齐排列,中间空出了垂直相交的白色条纹。在观察这种栅格图案时,观看者的余光会看到各个白色条纹的交叉处存在着暗点,而只要视线中心转移到那里,暗点就会消失。这种错觉的强度取决于图像中黑白对比的程度,以及观察者的视觉感知。如果把黑色方块换成其他颜色,暗点看起来依然存在。

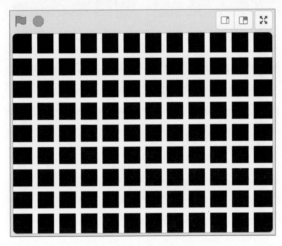

图 1-2-1 作品效果图

创作思路

绘制由水平和垂直的两组白色线条构成的网格,舞台背景使用黑色填充,也可以使用其他颜色。

编程实现

先观看资源包中的作品演示视频 1-2. mp4,再打开模板文件 1-2.sb3 进行项目创作。

(1)编写主程序的代码。

在主程序中,将画笔的颜色设置为白色,将画笔的粗细设为 10,然后依次调用"画横线"和"画竖线"这两个过程绘制出白色线条构成的网格图案。

(2)编写"画横线"过程和"画竖线"过程的代码(见图 1-2-2)。

在"画横线"过程中,通过一个条件型循环结构绘制出垂直方向间隔为 40 个单位的一组白色横线。由变量 y 控制横线出现的 y 坐标,y 坐标由 -140 变化到 140。横线的长度为 480 个单位,即起点的 x 坐标为 -240,终点的 x 坐标为 240。

在"画竖线"过程中,通过一个条件型循环结构绘制出水平方向间隔为 40 个单位的一组

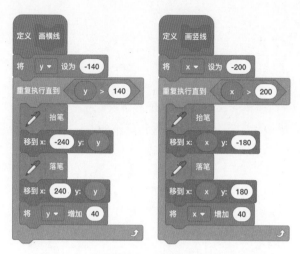

图 1-2-2 "画横线"和"画竖线"过程的代码

白色竖线。由变量 x 控制竖线出现的 x 坐标，x 坐标由 -200 变化到 200。竖线的长度为 360 个单位，即起点的 y 坐标为 -180，终点的 y 坐标为 180。

当项目运行后，可以切换到全屏模式，这样更便于观察呈现出的视错觉效果。

1.3 灰色变蓝色

❓ 作品描述

该作品用于验证一种灰色变成蓝色的视错觉，作品效果见图 1-3-1。当眼睛注视右边的黑色圆点时，通过余光可以看到左边橘色矩形区域中的灰色方块会变成蓝色的；但当视线离开黑色圆点时，它又恢复为灰色的。当灰色方块上下不断移动时，这种颜色错觉表现得更为强烈。

图 1-3-1 作品效果图

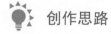 创作思路

在舞台左侧放置一个"灰色方块"角色，并控制其在垂直方向上反复进行平滑移动。

▥▸ 编程实现

先观看资源包中的作品演示视频 1-3.mp4,再打开模板文件 1-3.sb3 进行项目创作。

(1) 角色的准备。

利用绘图编辑器绘制出 3 个角色的造型。深灰色(颜色 0、饱和度 0、亮度 50)的长方块放置在舞台的左侧,并通过代码控制它进行上下运动,橘色的方块铺满舞台的左半部分,黑色的圆形放置在舞台的右下角。另外,将舞台背景填充为浅灰色。

(2) 编写"灰色方块"角色的控制代码(见图 1-3-2)。

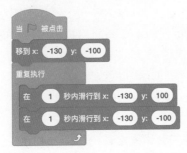

图 1-3-2　控制灰色方块运动的代码

在这个作品中只需要编写"灰色方块"角色的代码。使用"重复执行"积木控制"灰色方块"角色上下反复运动。起始位置为(−130,100),结束位置为(−130,−100),使用"在······秒内滑行到······"积木实现角色的平滑移动。

当项目运行后,可以切换到全屏模式,这样更便于观察呈现出的视错觉效果。

1.4　变大又变小

❓▸ 作品描述

该作品用于验证一种对实际大小感知上的视错觉——艾宾浩斯错觉,作品效果见图 1-4-1。德国心理学家赫尔曼·艾宾浩斯发现,在中心圆具有相同半径时,人会觉得被小

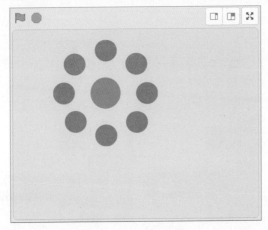

图 1-4-1　作品效果图

圆包围的中心圆比被大圆包围的中心圆更大。该作品运行后，会在运动中不断地改变包围在蓝色球周围的一组绿色球的大小，而蓝色球的大小保持不变，但却能让人观察到蓝色球忽大忽小的错觉现象。

创作思路

该作品采用动画进行展示，控制"蓝色球"角色和"绿色球"角色在舞台上进行平滑运动或改变大小，从而让观察者直观地感受艾宾浩斯错觉。

编程实现

先观看资源包中的作品演示视频 1-4.mp4，再打开模板文件 1-4.sb3 进行项目创作。

（1）编写"蓝色球"角色的代码（见图 1-4-2）。

使用"重复执行"积木控制"蓝色球"角色在（−100,100）到（0,0）两点之间反复运动，使用"在……秒内滑行到……"积木实现角色的平滑移动。

（2）编写"绿色球"角色的代码。

如图 1-4-3 所示，使用"重复执行"积木控制"绿色球"角色在（−100,100）到（0,0）两点之间反复运动，使其始终包围在蓝色球周围。在"绿色球"角色的运动过程中，通过"广播'放大'"和"广播'缩小'"这两个消息不断地改变角色大小。

图 1-4-2 控制"蓝色球"角色运动的代码

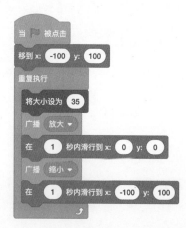

图 1-4-3 控制"绿色球"角色运动的代码

如图 1-4-4 所示，"绿色球"角色在接收到"放大"或"缩小"的消息后，分别利用计时器积木控制角色在 1 秒之内不断地改变角色的大小。

当项目运行后，可以切换到全屏模式，这样更便于观察呈现出的视错觉效果。

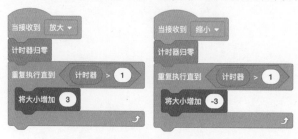

图 1-4-4 控制"绿色球"角色放大和缩小的代码

1.5　无中生有的绿点

? 作品描述

该作品用于验证经典的追逐丁香视错觉,作品效果见图1-5-1。英国视觉专家杰里米·辛顿(Jeremy Hinton)在2005年创作了这个视错觉动态图像,它由12帧静止画面组成,每两帧之间间隔约为0.1秒,每一帧画面中心黑色十字的周围都环绕着11个紫色的圆点。周围圆点总数应该为12个,但是每一帧都缺失1个圆点,并且缺失的这个圆点的位置在每一帧中的位置是按顺时针排列的。当你凝视画面中心的黑色十字几秒后,就会看到那个缺失的圆点变成了绿色的。

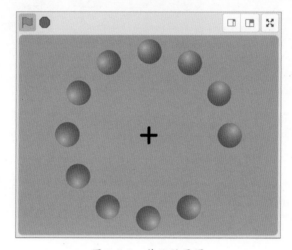

图1-5-1　作品效果图

💡 创作思路

按照时钟表盘的时针位置分布12个紫色的圆点,并且以0.1秒的时间间隔按照顺时针顺序隐藏其中的一个,即每次只显示11个紫色的圆点。

📋 编程实现

先观看资源包中的作品演示视频1-5.mp4,再打开模板文件1-5.sb3进行项目创作。

(1)编写创建小球克隆体的代码(见图1-5-2)。

在"创建小球克隆体"过程中,利用次数型循环和克隆积木创建12个小球角色的克隆体并设定其出现的位置。同时,从1开始给每个克隆体编号,将编号存放在私有变量ID中。

这12个小球克隆体被平均分布在距离舞台中心(0,0)位置150步的圆周上。即第1个小球克隆体从(0,0)面向0度方向移动150步,第2个小球克隆体从(0,0)面向30度方向移动150步,第3个小球克隆体从(0,0)面向60度方向移动150步,以此类推。

(2)编写控制小球克隆体显示或隐藏的代码(见图1-5-3)。

在"移动缺失圆点"过程中,通过"计数器"变量控制某个小球克隆体的显示或隐藏。"计数器"变量的值以 0.1 秒的时间间隔从 1 到 12 不断地改变。

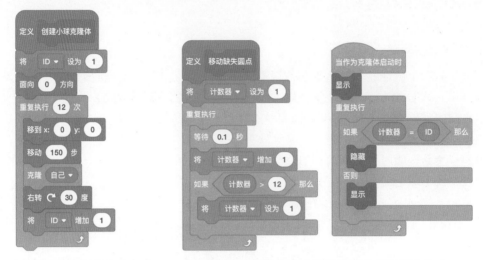

图 1-5-2　创建小球克隆体的代码　　　图 1-5-3　控制小球克隆体显示或隐藏的代码

另外，在"当作为克隆体启动时"积木下编写代码监听"计数器"变量值的变化。当某个小球克隆体的 ID 值与"计数器"变量的值相等时，则将该小球克隆体隐藏；否则，将其显示。

当项目运行后，可以切换到全屏模式，这样更方便观察呈现出的视错觉效果。另外，如果将作品中紫色的圆点换成其他颜色，那么缺失的圆点也将改变颜色。

1.6　消失的黄点

?　作品描述

该作品用于验证一种由运动引起的消失错觉，作品效果见图 1-6-1。当盯着舞台中间闪烁的绿色圆点几秒之后，就会看到位于三角形顶点处的 3 个静态的黄色圆点逐渐消失或重新出现。如果注意力非常集中，可以看到 3 个黄色圆点同时消失。

另外，作为背景的蓝色十字阵列在旋转时，有助于让黄色圆点快速消失。

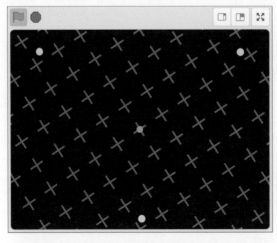

图 1-6-1　作品效果图

创作思路

该作品采用动画进行展示,生成"十"字图形阵列并控制其不停地旋转。具体方法是,先利用造型编辑器绘制一个蓝色的"十"字造型,然后利用马赛克特效积木生成"十"字图形阵列。

编程实现

先观看资源包中的作品演示视频 1-6.mp4,再打开模板文件 1-6.sb3 进行项目创作。

(1)创建"黄点"角色。

创建一个名为"黄点"的空角色,然后在该角色的造型编辑区中绘制 3 个黄色的圆点。两个圆点位于舞台上方左、右各一个,一个圆点位于舞台下方中间位置。通过属性面板将该角色定位在舞台中心位置,不需要编写代码。

(2)创建"绿点"角色并编写代码(见图 1-6-2)。

创建一个名为"绿点"的空角色,然后在该角色的造型编辑区中绘制一个绿色的圆点,大小可自行调整。

在"绿点"角色的代码区,利用"移到……"积木将"绿点"角色定位在舞台的中心位置,然后利用"重复执行"积木控制该角色以 0.5 秒的时间间隔不停地显示和隐藏。

(3)创建"十字"角色并编写代码(见图 1-6-3)。

图 1-6-2　控制"绿点"角色闪现的代码

图 1-6-3　生成"十"字阵列并旋转的代码

创建一个名为"十字"的空角色,然后在该角色的造型编辑区中绘制一个蓝色的"十"字图形,并将"十"字图形的四个末端拼接一段黑色的线段。之后,将造型大小调整为 150×150,并在角色属性面板中将角色大小设为 350。另外,需要将舞台的背景填充成黑色。

在"十字"角色的代码区,利用"将'马赛克'特效设为 100"积木生成"十"字图形的阵列效果。然后,通过"重复执行"积木控制角色不停地旋转。

当项目运行后,可以切换到全屏模式,这样更便于观察呈现出的视错觉效果。

1.7　谁快谁慢

作品描述

该作品用于验证一种对运动快慢感知出错的视错觉,作品效果见图 1-7-1。假设有黄色和蓝色的两个小车穿过黑白条纹的道路，它们其实是以相同的速度前进，但是会让你觉得其中一个总是慢了一步。当道路的黑白条纹被移除后，错觉消失，可以看到两个小车其实是同步前进的。

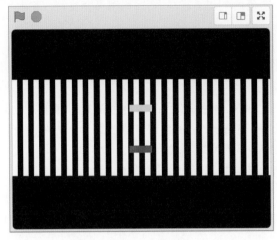

图 1-7-1　作品效果图

创作思路

创建一个包含黄色方块和蓝色方块的角色作为小车，并控制其在水平方向上平滑移动。另外，创建一个带有黑白条纹的角色作为道路，在小车行进过程中可以显示或隐藏道路。

编程实现

先观看资源包中的作品演示视频 1-7. mp4，再打开模板文件 1-7. sb3 进行项目创作。

（1）创建"小车"角色和编写代码。

创建一个名为"小车"的空角色，然后在该角色的造型编辑区中绘制两个矩形代表小车，一个填充为黄色，一个填充为蓝色，两者大小相同，一上一下，垂直对齐。

如图 1-7-2 所示，这是控制"小车"角色移动的代码。在一个"重复执行"积木中，控制"小车"角色在 10 秒内从舞台左侧(-240,0)平滑移动到舞台右侧(240,0)，如此反复运动。

通过造型的设计和代码的编写，可以保证代表小车的两个矩形是同时移动的。

（2）创建"道路"角色和编写代码。

创建一个名为"道路"的空角色，然后在该角色的造型编辑区中绘制两个造型，一个造型是由多个白色条纹构成，将其造型名称设为"有条纹"；另一个造型是灰色的且无条纹，将其造型名称设为"无条纹"。

如图 1-7-3 所示，这是切换不同道路造型的代码。当按下数字键 1 时，将"道路"角色的造型换成"有条纹"，舞台上显示的是一条带有黑白条纹的道路；当按下数字键 2 时，将"道路"角色的造型换成"无条纹"，舞台上显示的是一条灰色的道路。

当项目运行后，通过按下数字键 1 或 2 切换不同的道路，观察舞台上两辆小车的运动情况，看看谁快谁慢。

图 1-7-2 控制"小车"角色移动的代码   图 1-7-3 控制道路切换的代码

1.8 静画会动

作品描述

该作品用于验证一种由运动后效产生的视错觉,作品效果见图 1-8-1。运动后效是似动运动的一种,当观察者对一个运动物体连续注视一段时间后转而凝视另一个不同质的静止表面时,会感到这个表面似乎在朝相反的方向运动。在该作品运行后,观察者在盯着动态的漩涡图片中心点 30 秒之后,会自动显示凡·高的绘画作品《星月夜》,这时观察者会看到静止的画面产生了流动的错觉,其方向与之前动态旋涡的方向相反。

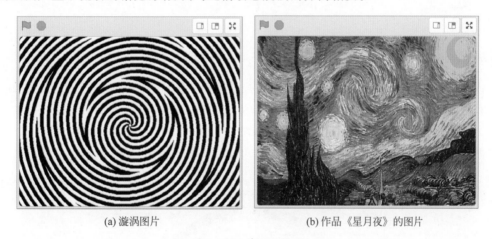

(a) 漩涡图片   (b) 作品《星月夜》的图片

图 1-8-1 作品效果图

创作思路

通过切换不同的漩涡图片来生成漩涡动画,以及通过按键切换作品《星月夜》图片以观察视错觉现象。

编程实现

先观看资源包中的作品演示视频 1-8.mp4,再打开模板文件 1-8.sb3 进行项目创作。

(1) 编写"漩涡"角色的代码(见图 1-8-2)。

"漩涡"角色由一组不同造型的漩涡图片构成,利用"下一个造型"积木切换这组造型,可以呈现一个漩涡动画。当按下空格键时，隐藏"漩涡"角色，显示作品《星月夜》图片。

（2）编写"星月夜"角色的代码（见图1-8-3）。

"星月夜"角色包含一个作品《星月夜》图片的造型，初始状态是隐藏的，当按下空格键时，就显示出来。

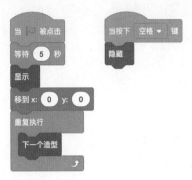

图 1-8-2　展示动态漩涡的代码　　　　　　图 1-8-3　显示"星月夜"角色的代码

当项目运行后，在观看漩涡动画一段时间（如30秒）之后，按下空格键就可以看到《星月夜》图片。由于视觉惯性的作用，可以观察到静态的作品《星月夜》图片产生扭动的现象。

1.9　滚动的小球

作品描述

该作品用于验证一组做直线运动的小球构成的圆环在滚动的视错觉，作品效果见图1-9-1。假设有一个动点围绕一个中心点做圆周运动，另有一组小球等距分布在一个以该动点为圆心的圆环上，并且圆环的旋转方向与动点的旋转方向相反。这时可以看到构成圆环的这组小球像是在一个大圆内滚动，但仔细观察会发现，其实每一个小球都在做直线运动。

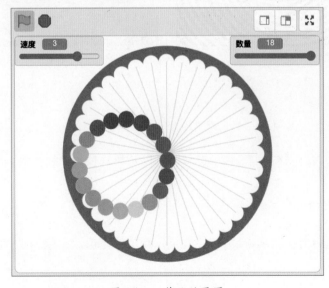

图 1-9-1　作品效果图

创作思路

利用画笔技术动态绘制一组等距分布在圆环上的小球,并控制各个小球做直线运动。

编程实现

先观看资源包中的作品演示视频 1-9. mp4,再打开模板文件 1-9. sb3 进行项目创作。

(1) 编写主程序的代码(见图 1-9-2)。

在主程序中,对半径、数量、速度和旋转等全局变量赋初值。其中,"半径"变量用于控制做圆周运动的动点到中心点的距离,以及呈圆环分布的一组小球到圆环中心的距离;"数量"变量用于控制圆环上小球的数量;"速度"变量用于控制动点做圆周运动时的速度;"旋转"变量用于控制动点运动时面向的方向,同时该变量的变化也受到速度变量的影响。

另外,在"重复执行"积木中清除舞台画布并调用一组自定义过程重绘各个小球的运动状态。"画小球运动轨道"过程用于绘制一个蓝色的圆盘和一组相交于中心点的白色直线轨道,并绘制灰色的细线用于观察小球的运动轨迹。"动点圆周运动"过程用于控制一个动点围绕舞台中心做圆周运动。"画一组小球"过程用于将运动中呈圆环分布的一组小球实时地绘制在舞台上。

(2) 编写"动点圆周运动"过程的代码(见图 1-9-3)。

采用极坐标的方式控制动点的圆周运动,动点在圆周上的位置由"旋转"变量和"半径"变量进行控制。动点的旋转方向和圆环的旋转方向相反,因此在调用"面向……方向"积木时,对"旋转"变量的值进行取相反数操作。

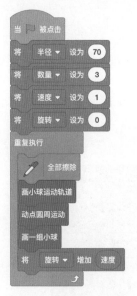

图 1-9-2　主程序的代码

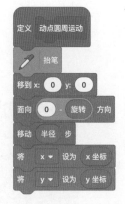

图 1-9-3　"动点圆周运动"过程的代码

当动点运动到圆周上的指定位置后,将其坐标存放到 x 变量和 y 变量中,该坐标将作为圆环的中心点,用于将一组小球分布在圆环上。

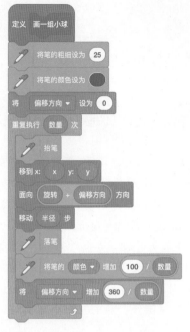

图 1-9-4 "画一组小球"过程的代码

（3）编写"画一组小球"过程的代码（见图 1-9-4）

为了区分不同的小球，每次画一个小球后就将画笔颜色增加一个数值，使各个小球的颜色都不相同。画笔颜色增加的数值由一组小球的数量决定。

"偏移方向"变量用于控制一组小球均匀地分布在圆环上，初始值为 0（面向 0 度方向），每次增加的数量由一组小球的数量决定，即用 360 除以"数量"变量计算得出。

采用极坐标的方式控制一组小球等距分布在圆环上，每个小球在圆环上的位置由"旋转"变量、"偏移方向"变量和"半径"变量决定。圆环的中心点在 x 变量和 y 变量指定的坐标处，控制画笔从该点出发，沿着"旋转＋偏移方向"这两个变量指定的方向前进，到达"半径"变量指定的距离，调用落笔积木在此画出一个指定颜色和大小的彩色圆点作为小球。

限于篇幅，"画小球运动轨道"过程的代码不再列出，请查看该作品的模板文件。

当项目运行后，可以通过舞台上变量显示器"数量"和"速度"分别调整小球的数量和运动速度，便于仔细观察小球的运动轨迹。

1.10 旋转的椭圆

?: 作品描述

该作品用于验证一组做圆周运动的小球构成的椭圆在旋转的视错觉，作品效果见图 1-10-1。假设将一组小球分布在一个椭圆上，同时让每个小球各自围绕一个中心点做圆周运动，这些中心点都在一个圆上，并且其圆心与椭圆的中心点重合。这些小球在做圆周运动时也能构成一个椭圆，这样就可以观察到一个椭圆在旋转的错觉。

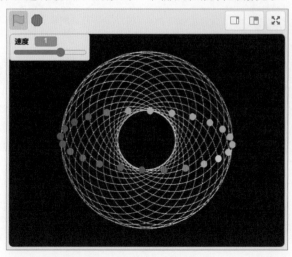

图 1-10-1 作品效果图

创作思路

利用克隆技术创建一组小球并将其分布在一个椭圆上，然后控制各个小球做圆周运动。

编程实现

先观看资源包中的作品演示视频1-10.mp4，再打开模板文件1-10.sb3进行项目创作。

（1）编写主程序的代码（见图1-10-2）。

在主程序中，对数量、速度、半径等全局变量赋初值。其中，"数量"变量用于控制构成椭圆环的小球数量；"速度"变量用于控制小球做圆周运动时的速度；"半径"变量用于控制小球做圆周运动的中心点，以及影响由一组小球构成的椭圆的形状和大小。另外，"方向"变量是私有变量，用于将一组小球均匀地分布在一个圆周上。

在"生成一组小球"过程中，利用克隆积木按照"数量"变量生成一组"小球"角色的克隆体，并按顺时针方向将它们均匀地分布在由"半径"变量指定的一个圆上。每个小球克隆体当前的 x 坐标、y 坐标和方向分别存放在其私有变量 x、y 和方向中。

使用"将'颜色'特效增加……"积木改变小球的颜色，颜色值由一组小球的数量决定。

（2）编写控制小球做圆周运动的代码（见图1-10-3）。

在"当作为克隆体启动时"积木下编写代码控制小球克隆体做圆周运动。采用极坐标方式控制小球在圆周上的位置，根据私有变量 x 和 y 确定小球的起始位置，控制小球沿着"方向"变量指定的相反方向前进，到达"半径"变量2倍的距离，该坐标处于小球运动的圆周上，同时也处于这组小球构成的椭圆上。因此我们可以观察到进行圆周运动的一组小球呈现出一个椭圆在旋转的视错觉。

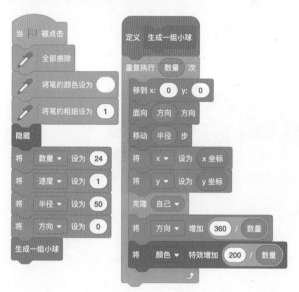

图1-10-2　主程序的代码

图1-10-3　控制小球做圆周运动的代码

使用"落笔"和"抬笔"积木以画点的方式记录小球的活动轨迹，这样可以方便地观察小球的圆周运动。

项目运行后，通过舞台上的变量显示器"速度"可以调整小球运动的速度和旋转方向。

第2章　动画与艺术

2.1　白雪飘飞梅暗香

作品描述

　　该动画作品呈现一幅白雪随风飘落的自然景象,作品效果见图 2-1-1。在梅花的映衬下,透出一番白雪飘飞梅暗香的韵味。

图 2-1-1　作品效果图

创作思路

　　该作品主要实现雪花随风飘落的动画效果。首先使用绘图编辑器制作一个白色透明渐变的雪花造型,然后利用克隆技术动态地生成若干个飘落的雪花,并控制雪花从舞台顶部向下移动,在到达舞台底部后消失。雪花移动的速度和方向可以通过舞台上的滑杆变量进行调整。

编程实现

先观看资源包中的作品演示视频 2-1.mp4,再打开模板文件 2-1.sb3 进行项目创作。

(1) 创建"雪花"角色并绘制雪花造型。

首先创建一个空角色,并将角色名称修改为"雪花";然后使用绘图编辑器工具栏中的圆形工具在画布上画出一个圆形,并将它由内向外填充为白色到透明(即边缘透明渐变的效果);之后将圆形的大小调整为 15×15 或其他相近尺寸,位置调整到画布的中心。

(2) 编写"雪花"角色的代码。

如图 2-1-2 所示,这是创建雪花克隆体并控制其运动的代码。由两个全局变量"风向"和"降落"分别控制雪花克隆体在水平和垂直两个方向上的运动。变量"风向"的初始值设为 0,即在无风的情况下使雪花垂直落下;变量"降落"的初始值设为 5,即雪花的降落速度设为中速。将两个变量显示在舞台上,然后将显示模式调整为滑杆,并设置滑块变化的范围。变量"风向"的最小值为-5,最大值为 5;变量"降落"的最小值为 1,最大值为 10。

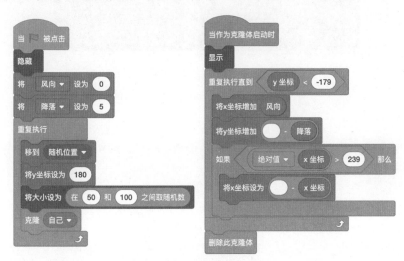

图 2-1-2　"雪花"角色的代码

当项目运行后,在一个无限循环结构中不断地创建雪花克隆体,每个克隆体的初始位置位于舞台顶部(y 坐标为 180)的随机位置,角色大小设为原大小的 50%～100%。

当雪花克隆体启动时,使用一个条件型循环结构控制雪花朝着舞台底部运动。雪花的 y 坐标由变量"降落"控制,值越大移动速度越快;雪花的 x 坐标由变量"风向"控制,使雪花可以左、右移动。当雪花碰到舞台左边缘时,将其移到舞台右边缘并继续运动;反之,也一样。当雪花的 y 坐标小于-179 时(即到达舞台底部),将雪花克隆体删除。

最后,可以添加一个动听的背景音乐并循环播放,让动画作品拥有美妙的视听效果。

2.2　流光点点去还来

作品描述

该动画作品呈现一幅夏夜里萤火虫自由飞舞的自然美景,作品效果见图 2-2-1。在月亮的映衬下，荧光点点，似星明灭，时而飞去，时而飞来。看到这样的画面，不禁让人想起一句诗——瞥然飞过银塘面，俯仰浮光几点星。

图 2-2-1　作品效果图

创作思路

利用画笔克隆体技术绘制随机运动的亮点，从而呈现荧光飞舞的动画效果。

编程实现

先观看资源包中的作品演示视频 2-2. mp4，再打开模板文件 2-2. sb3 进行项目创作。

（1）编写创建画笔克隆体和擦除背景的代码（见图 2-2-2）。

该作品采用画笔克隆体技术实现。在"重复执行……次"积木中调用"克隆'自己'"积木，就能创建指定数量的克隆休，利用其画笔功能在舞台背景上绘制出相应数量的荧光。

在项目运行过程中，需要不停地擦除舞台背景上绘制的内容，即将旧的内容擦除，才能呈现出新绘制的内容。在"重复执行"积木中调用"全部擦除"积木来实现这个目的。

（2）编写控制荧光大小变化的代码（见图 2-2-3）。

在一个"当作为克隆体启动时"积木下编写代码控制荧光大小的变化。"大小"和"变化"两个变量是私有变量，用于控制荧光从小到大，再从大到小，如此循环往复地变化，实现忽明忽暗的闪烁效果。

（3）编写绘制荧光的代码（见图 2-2-4）。

在一个"当作为克隆体启动时"积木下编写代码绘制荧光在舞台上。将画笔的颜色设为：颜色 25、饱和度 35、亮度 100，作为荧光的颜色。然后，在"重复执行"积木中用画笔积木不停地绘制一个带透明边缘的亮点。亮点的大小由"大小"变量决定，透明边缘的大小设为"大小"变量值的 3 倍。

（4）编写控制荧光运动的代码（见图 2-2-5）。

在一个"当作为克隆体启动时"积木下编写代码控制荧光的运动。当克隆体被创建后，将其移到随机位置,并面向任意方向。然后,在一个"重复执行"积木中,控制克隆体随机旋转和前进,当碰到舞台边缘时,将其移到随机位置。

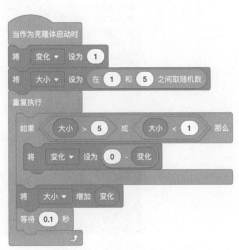

图 2-2-3 控制荧光大小变化的代码

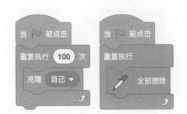

图 2-2-2 创建画笔克隆体和擦除背景的代码

图 2-2-4 绘制荧光的代码

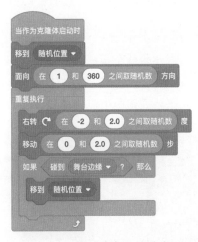

图 2-2-5 控制荧光运动的代码

2.3 清明时节雨纷纷

作品描述

该动画作品呈现一幅清明时节雨纷纷的自然景象,作品效果见图 2-3-1。清明时节雨纷纷,路上行人欲断魂。借问酒家何处有?牧童遥指杏花村。该作品将杜牧的《清明》诗以动画形式呈现,可谓别有一番韵味。

图 2-3-1　作品效果图

创作思路

利用画笔克隆体技术绘制雨滴下落的动画效果,采用 60% 透明度的白色短线段作为雨滴,采用大小随机且 96% 透明度的白色圆点产生水雾效果。

编程实现

先观看资源包中的作品演示视频 2-3. mp4,再打开模板文件 2-3. sb3 进行项目创作。

(1) 编写创建画笔克隆体和擦除背景的代码(见图 2-3-2)。

该作品采用画笔克隆体技术实现。创建 50 个画笔克隆体并不停地绘制雨滴,同时不停地擦除舞台背景上绘制的内容,从而实现下雨动画。

另外,统一将画笔颜色设为白色,用来绘制雨滴和水雾效果。"风向"变量是一个全局变量,用来控制雨滴的水平移动方向。

(2) 编写控制雨滴下落的代码(见图 2-3-3)。

雨滴从舞台顶部下落,到达舞台底部后重新回到舞台顶部,如此反复。雨滴的下落速度为每

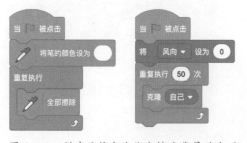

图 2-3-2　创建画笔克隆体和擦除背景的代码

次移动 9 个单位,可根据情况自行调整。考虑到风向的影响时,对雨滴的 x 坐标增加一个水平偏移量("风向"变量的值)。如果雨滴的 x 坐标超出舞台左右两边,则将其移到相反的另一边继续运动。

(3) 编写绘制水雾和雨滴的代码(见图 2-3-4 和图 2-3-5)。

调用"画水雾"过程和"画雨滴"过程反复地绘制下落的雨滴。由于绘制雨滴会改变画笔克隆体的坐标,所以在绘制雨滴之前,将 x 坐标和 y 坐标保存到 x 变量和 y 变量中,在绘制雨滴之后,再用 x 变量和 y 变量的值重新设定画笔克隆体的坐标。

图 2-3-3 控制雨滴下落的代码   图 2-3-4 绘制水雾和雨滴

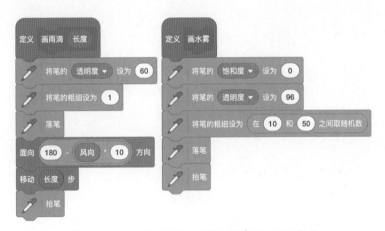

图 2-3-5 "画雨滴"过程和"画水雾"过程的代码

在"画水雾"过程中,将画笔的透明度设为96,画笔的粗细设为10到50之间的一个随机数,这样可以为雨滴加上一个水雾效果。

在"画雨滴"过程中,根据"风向"变量设定画笔克隆体的移动方向,根据"长度"参数设定移动的距离,从而绘制出指定长度的雨滴。在调用"画雨滴"过程时,指定雨滴的"长度"参数为1到10之间的一个随机数,从而画出随机长度的雨滴。

2.4 露湿空山星汉明

作品描述

该绘画作品呈现一幅露湿空山星汉明的自然景象,作品效果见图2-4-1。作品由程序自动生成,使用不同轮廓和灰度的山体叠压构建出富有层次感的群山景观,在点点繁星的映衬下,营造出颇具艺术感的画面。

图 2-4-1　作品效果图

创作思路

采用递归方法绘制山的轮廓。具体方法是，对一条线段不断地对折，对折时随机朝上或下两个方向偏移一定距离，重复对折若干次就会呈现山的轮廓。

编程实现

先观看资源包中的作品演示视频 2-4. mp4，再打开模板文件 2-4. sb3 进行项目创作。

（1）编写主程序和"画星星"过程的代码（见图 2-4-2）。

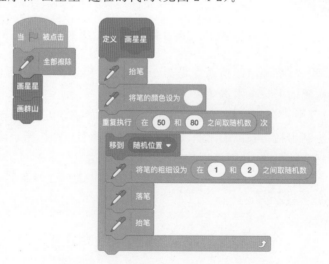

图 2-4-2　主程序和"画星星"过程的代码

在主程序中，调用"画星星"过程画出夜空中的点点繁星，调用"画群山"过程画出富有层次感的群山景观。

在"画星星"过程中,使用"移到'随机位置'"积木,在舞台上的任意位置画出一些白色的亮点表示星星。

(2)编写"画群山"过程的代码(见图 2-4-3)。

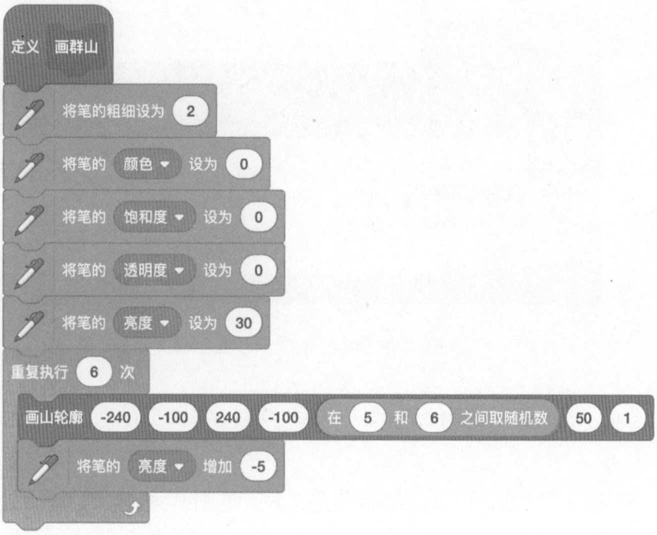

图 2-4-3 "画群山"过程的代码

在"画群山"过程中,通过调用"画山轮廓"过程绘制亮度不同的 6 个山体轮廓,用由远及近的方式叠压在一起,构成一幅层次分明的群山景观。

(3)编写"画山轮廓"过程的代码(见图 2-4-4)。

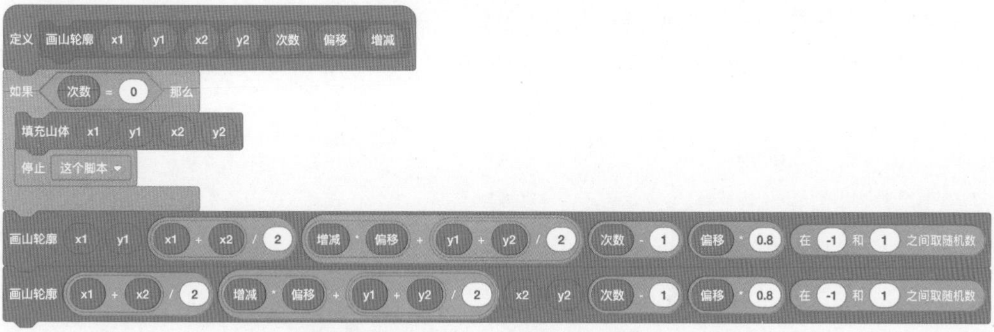

图 2-4-4 "画山轮廓"过程的代码

这里采用递归方式绘制山体轮廓线:给定一条线段的两个端点 A、B,再计算 A、B 的中点,并将中点的 y 坐标加上一个偏移量(增加或减少,并且每次迭代时按比例减少该偏移量)得到 P 点,然后取 AP 和 PB 两条线段,重复上述过程,直到递归结束,将山体轮廓线画出来。

在调用"画山轮廓"过程时,通过"次数"参数指定迭代的次数,当次数为 0 时递归结束,就调用"填充山体"过程绘制出用竖线填充的山体。

(4)编写"填充山体"过程的代码(见图 2-4-5)。

在"填充山体"过程中,根据给定线段的两个端点 (x_1,y_1) 和 (x_2,y_2),控制画笔从 (x_1,y_1)

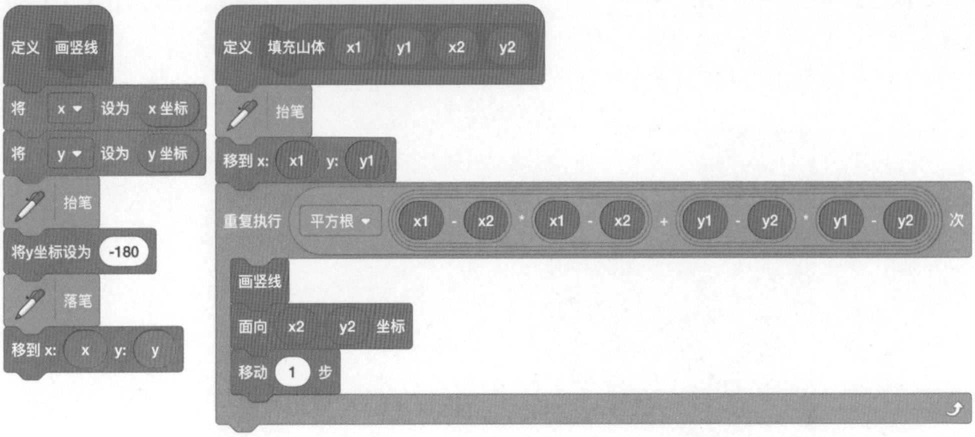

图 2-4-5　"填充山体"过程和"画竖线"过程的代码

面向(x_2, y_2)每次移动 1 步,并从舞台底部边缘到当前坐标之间画一条竖线,实现填充山体的效果。

　　另外,"面向……坐标"过程用于将当前角色的方向指向给定的坐标处。可从该作品的模板文件中查看该过程的代码。

2.5　水墨蝌蚪

作品描述

　　该动画作品以水墨风格呈现一群小蝌蚪在荷塘中嬉戏的生动画面,作品效果见图 2-5-1。夏日的池塘荷花盛开,荷花下有一群小蝌蚪,扭着小小的尾巴,悠闲地游过来又游过去。蝌蚪与荷花相映成趣,令人百看不厌。

图 2-5-1　作品效果图

创作思路

利用画笔克隆体技术绘制一群水墨风格的小蝌蚪，并控制这些小蝌蚪进行自由运动。

编程实现

先观看资源包中的作品演示视频 2-5. mp4，再打开模板文件 2-5.sb3 进行项目创作。

（1）编写绘制水墨蝌蚪和控制其运动的代码（见图 2-5-2）。

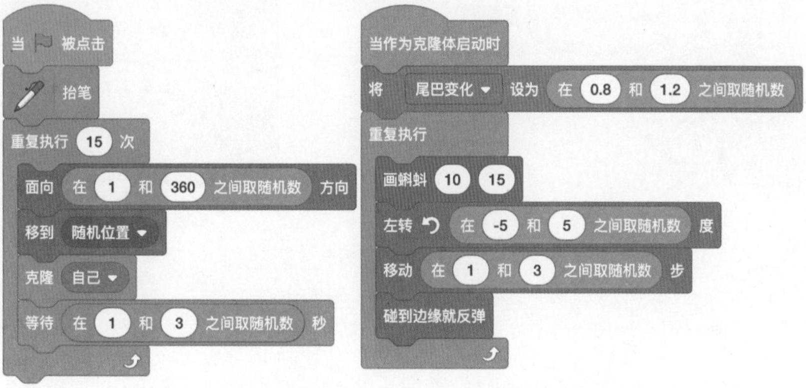

图 2-5-2　水墨蝌蚪及其控制脚本

在"蝌蚪"角色的代码区，使用循环指令积木创建 15 个"蝌蚪"角色的克隆体，每个克隆体的方向和位置都是随机的。当蝌蚪克隆体启动时，先设置"尾巴变化"变量为一个随机数，然后在一个无限循环结构中绘制蝌蚪外形和控制其运动。在调用"画蝌蚪"过程时使用的"宽度"参数是 10，"长度"参数是 15，这两个参数决定了蝌蚪的大小。蝌蚪的运动方式是随机向左或向右转 5 度，向前移动 1～3 步，如果碰到舞台边缘就反弹。

（2）编写"画蝌蚪"过程的代码（见图 2-5-3）。

在"画蝌蚪"过程中，根据"大小"参数和"长度"参数在舞台上绘制蝌蚪的外形。先将画笔的颜色设为黑色，粗细设为"大小"参数的值。然后，使用一个次数型循环结构画出蝌蚪外形，循环次数设为"长度"参数的值。画蝌蚪时，使用"移动－1 步"积木向后移动从头到尾画出一个蝌蚪。每移动 1 步，将画笔的粗细减小一个数值（"尾巴变化"变量的值），从而使每只蝌蚪的尾巴大小都有一些变化。最后用"移动'长度'步"积木将画笔向前移动到开始的位置。这样就完成了绘制一只蝌蚪的过程。需要注意的是，在创建"画蝌蚪"过程时，需要勾选"运行时不刷新屏幕"选项，从而使该过程的执行速度加快。

（3）编写擦除舞台内容的代码（见图 2-5-4）。

在舞台的代码区，将舞台的虚像特效值设定为 50（即透明度为 50），并通过"图章"积木反复地将舞台背景"印"到舞台上，从而快速地擦除舞台上画出的内容，使得画出的蝌蚪有一条灵动的小尾巴。

运行项目，可以观看蝌蚪在荷塘中游动的效果。如果为作品添加一个好听的背景音乐，将会获得更好的视听效果。

图 2-5-3　用画笔绘制一只蝌蚪　　　　图 2-5-4　用图章擦除舞台内容

2.6　鱼戏荷塘

？ 作品描述

　　该动画作品呈现一幅鱼戏荷塘的诗意画面，作品效果见图 2-6-1。江南可采莲，莲叶何田田，鱼戏莲叶间。鱼戏莲叶东，鱼戏莲叶西，鱼戏莲叶南，鱼戏莲叶北。该作品将汉代乐府诗《江南》中描述的情景生动地呈现出来。

图 2-6-1　作品效果图

创作思路

　　利用画笔克隆体技术绘制一群水墨风格的鲤鱼，并控制这些鲤鱼进行自由运动。

编程实现

先观看资源包中的作品演示视频 2-6.mp4,再打开模板文件 2-6.sb3 进行项目创作。

(1) 编写主程序和擦除舞台背景的代码。

如图 2-6-2 所示,这是"鲤鱼"角色主程序的代码。在"重复执行"中以 2 秒的间隔不断地调用"克隆'自己'"积木创建画笔克隆体,从而在舞台上绘制出一群鱼游动的动画效果。

如图 2-6-3 所示,这是在舞台代码区中编写的擦除舞台背景的代码。通过不断地调用虚像特效积木和图章积木,将黑色背景绘制到舞台上,从而快速擦除舞台上绘制的内容。

(2) 设定鱼的外观和运动参数(见图 2-6-4)。

在"鱼的颜色"列表中存放有一些十六进制颜色码,用来设置画鱼的颜色。当生成鱼的克隆体时,从列表中随机选取一个颜色,并存放在私有变量"鱼的颜色"中。另外,还需要设定"鱼的大小""摆动系数""游动速度""大小衰减"等私有变量的初始值。

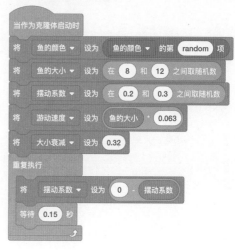

图 2-6-4 鱼的运动参数

图 2-6-2 主程序

图 2-6-3 擦除舞台背景

在"重复执行"积木中,对私有变量"摆动系数"反复地进行取相反数操作,用来控制鱼的身体摆动。

(3) 控制鱼的运动。

如图 2-6-5 所示,这是控制鱼的克隆体游动的代码。从"X 坐标"和"Y 坐标"这两个列表中随机取出一对坐标数据,将鱼的克隆体移到该坐标处。在"重复执行"积木中,调用"画鱼"过程绘制鱼的外观,并控制鱼沿着略微弯曲的路径向前游动。

如图 2-6-6 所示,当鱼的克隆体接近舞台边缘时,则将该克隆体删除。

(4) 绘制鱼的外观。

如图 2-6-7 所示,这是"画鱼"过程的部分代码。在该过程中,依次调用"画鱼头""画鱼的双眼""画鱼的身体"等过程绘制出鱼的部分外观。

如图 2-6-8 所示,在"画鱼头"过程中,先记录画笔的当前位置(x 坐标、y 坐标、方向),在绘制鱼头的过程中位置会发生改变,绘制完成后再恢复为之前记录的位置。在画鱼头时,将画笔从当前位置向前移动 1 步,并将画笔的粗细不断减小,使鱼头呈现前小后大的形状。

"记录位置"和"恢复位置"这两个过程的代码限于篇幅不再列出,请从该作品的模板文件中查看。

如图 2-6-9 所示,这是绘制鱼的两只眼睛的代码。在绘制鱼头之后,调用"画鱼的双眼"

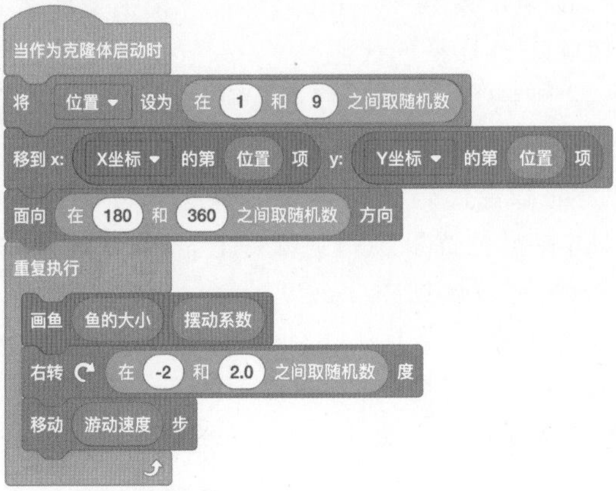

图 2-6-5 控制鱼的运动

图 2-6-6 删除鱼的克隆体

图 2-6-7 "画鱼"过程的部分代码

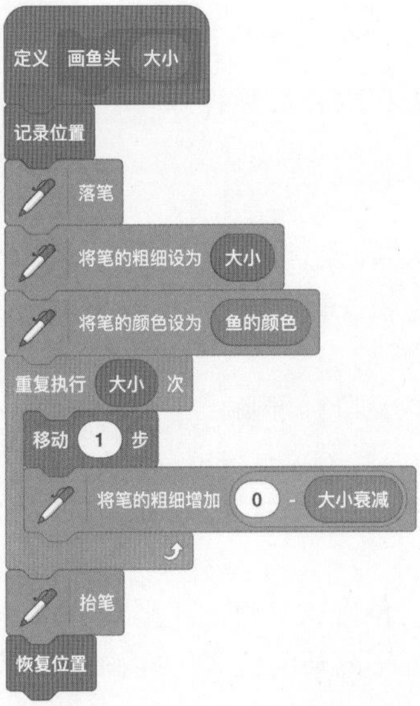

图 2-6-8 "画鱼头"过程的代码

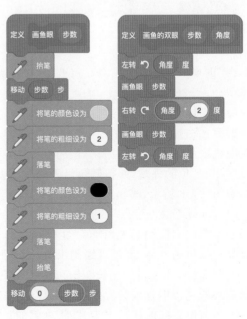

图 2-6-9 绘制鱼眼的代码

过程绘制鱼的双眼。先让画笔向左转一个角度，调用"画鱼眼"过程绘制出鱼的左眼；然后让画笔向右转一个角度，调用"画鱼眼"过程绘制出鱼的右眼。在"画鱼眼"过程中，先将画笔移动到鱼头的边缘处，然后绘制一个大的白色点和一个小的黑色点，使鱼的眼睛突显出来。

如图 2-6-10 所示，这是"画鱼的身体"过程的代码。在两个"重复执行……次"积木中，根据参数变量"大小"和"摆动系数"绘制鱼的身体。在第一个循环积木中让画笔向右转，在第二个循环积木中让画笔向左转，从而绘制出呈 S 形的鱼的身体。另外，第二个循环的次数比第一个循环多一倍，从而使鱼的 S 形身体的下半部分比上半部分长一倍。在绘制鱼的身体时，通过减小画笔的粗细，使鱼的身体逐渐变得细长。

（5）绘制完整的鱼。

如图 2-6-11 所示，在"画鱼"过程中，添加了"画鱼的胸鳍""画鱼的尾鳍""画鱼的背鳍"等过程的调用代码，从而绘制出一条完整的鱼。这些代码与前面介绍的"画鱼头""画鱼的双眼""画鱼的身体"过程的方法类似，这几个过程的代码限于篇幅不再列出，请从该作品的模板文件中查看这些过程的具体代码。

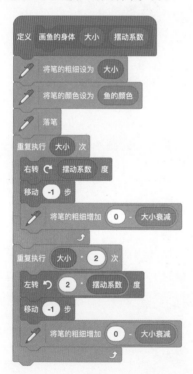

图 2-6-10 "画鱼的身体"过程的代码

图 2-6-11 "画鱼"过程的完整代码

2.7 太极八卦图

? 作品描述

该动画作品呈现一幅旋转的太极八卦图，作品效果见图 2-7-1。太极图的形状如两条阴阳鱼相互纠缠在一起，又称为阴阳鱼太极图。作品中用黑白两个圆形缠绕旋转一周，即可生成太极图，方法简单而巧妙。八卦其实是一种二进制数据，作品根据这一特点，以二进制数表示卦符，从而将其绘制成八卦图。

图 2-7-1　作品效果图

创作思路

采用双圆旋转法绘制太极图，使用二进制数表示卦符并绘制八卦图。

编程实现

先观看资源包中的作品演示视频 2-7. mp4，再打开模板文件 2-7. sb3 进行项目创作。

（1）编写主程序和"画太极图"过程的代码（见图 2-7-2）。

在主程序中，调用"全部擦除"积木擦除舞台上绘制的内容，然后在"重复执行"积木中调用"画太极图"过程和"画八卦图"过程绘制出不断旋转的太极八卦图。"速度"变量用于控制

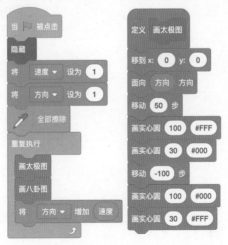

图 2-7-2　主程序和"画太极图"过程的代码

整个图形的旋转速度,"方向"变量用于控制整个图形面向的角度。

在"画太极图"过程中,调用"画实心圆"过程绘制黑、白两个相切的圆形(交点设为舞台中心),并在两个圆形的圆心处又分别绘制黑、白两个较小的圆形。如此就得到了阴阳鱼的两个鱼头部分。通过不断增加"方向"变量的值,让两个鱼头围绕舞台中心不停地旋转,当它们旋转的角度达到180度时,留下的轨迹就会形成一个完整的阴阳鱼太极图。

在"画实心圆"过程中,使用"大小"和"颜色"两个参数变量设定画笔的粗细和颜色,然后调用"落笔"积木和"抬笔"积木绘制出指定大小和颜色的实心圆。颜色值用十六进制表示,♯FFF表示白色,♯000表示黑色。可以在该作品的模板文件中查看"画实心圆"过程的具体代码。

(2)编写"画八卦图"过程的代码(见图2-7-3)。

八卦:坤(☷)、艮(☶)、坎(☵)、巽(☴)、震(☳)、离(☲)、兑(☱)、乾(☰),可以用二进制数表示。设阴爻为0、阳爻为1,则坎(☵)卦的二进制数为010。为了方便编程,创建一个名为"卦符"的列表,然后按照先天八卦的方位把各卦的二进制数存放在列表中。

在画八卦图时,首先调用"擦除八卦图"过程,利用"图章"积木将一个圆环造型图片绘制到舞台背景上,以擦除舞台上绘制八卦图的区域,但不会影响绘制太极图的区域;然后调用"设置八卦参数"过程,设定"半径""符号间距""符号长度""阴爻间隔"等变量的值,以及设定画笔的粗细和颜色;接着读取"卦符"列表中的各项数据,并调用"画卦符"过程绘制出各个八卦符号。这样就会在舞台上绘制出一个八卦图。

(3)编写"画卦符"过程的代码(见图2-7-4)。

在"画卦符"过程中,处理表示八卦的二进制数的各个数码,遇到1就调用"画阳爻"过程,遇到0就调用"画阴爻"过程。这样可以将八卦中的某个符号绘制在舞台上。

限于篇幅,"画阴爻"过程和"画阳爻"过程的代码不再列出,请在该作品的模板文件中查看这两个过程的代码。

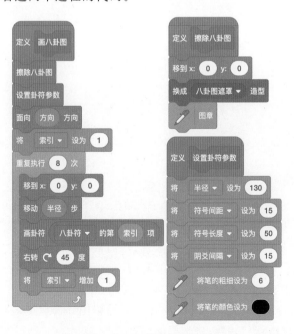

图2-7-3 "画八卦图"过程的代码

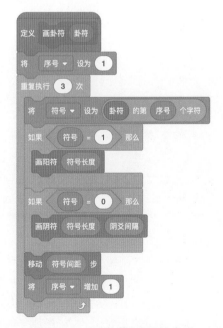

图2-7-4 "画卦符"过程的代码

2.8　闪烁的烛光

？ 作品描述

该动画作品呈现一幅烛光闪烁的画面，作品效果见图 2-8-1。作品中通过实时生成随机数据的方式模拟蜡烛火焰随风摇摆的效果，通过重复绘制不同大小和透明度的圆形创造闪烁的烛影。

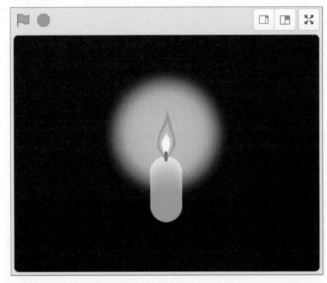

图 2-8-1　作品效果图

创作思路

通过 x 坐标的随机偏移使得绘制的蜡烛火焰产生摆动效果，通过画笔的大小、饱和度和透明度等参数的变化使绘制的烛影产生闪烁效果。

编程实现

先观看资源包中的作品演示视频 2-8.mp4，再打开模板文件 2-8.sb3 进行项目创作。

（1）编写主程序的代码（见图 2-8-2）。

在主程序中，实时地生成蜡烛火焰的摆动数据和绘制烛光闪烁的动画。通过广播消息"生成火焰摆动数据"，开启一个异步过程处理数据。在"重复执行"积木中，将随机生成的 x 坐标偏移数据插入到"X 偏移"列表中，并保持列表的长度为 10。另外，在一个"重复执行"积木中，不断地调用"全部擦除"积木擦除舞台背景上绘制的内容，然后依次调用"画蜡烛光环""画蜡烛""画蜡烛火焰"和"画灯芯"这 4 个过程绘制出烛光闪烁的动画效果。

（2）编写"画蜡烛光环"过程和"画蜡烛"过程的代码（见图 2-8-3）。

在"画蜡烛光环"过程中，在"重复执行 50 次"积木中，不断增加画笔的粗细和透明度，绘制出边缘透明的蜡烛光环，实现烛影闪动的效果。另外，将画笔的饱和度设为 50 到 80 之间的随机数，可以获得更好的视觉效果。

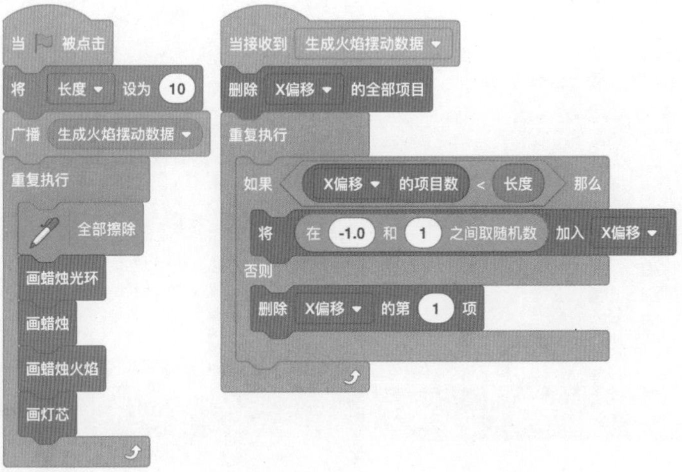

图 2-8-2　主程序的代码

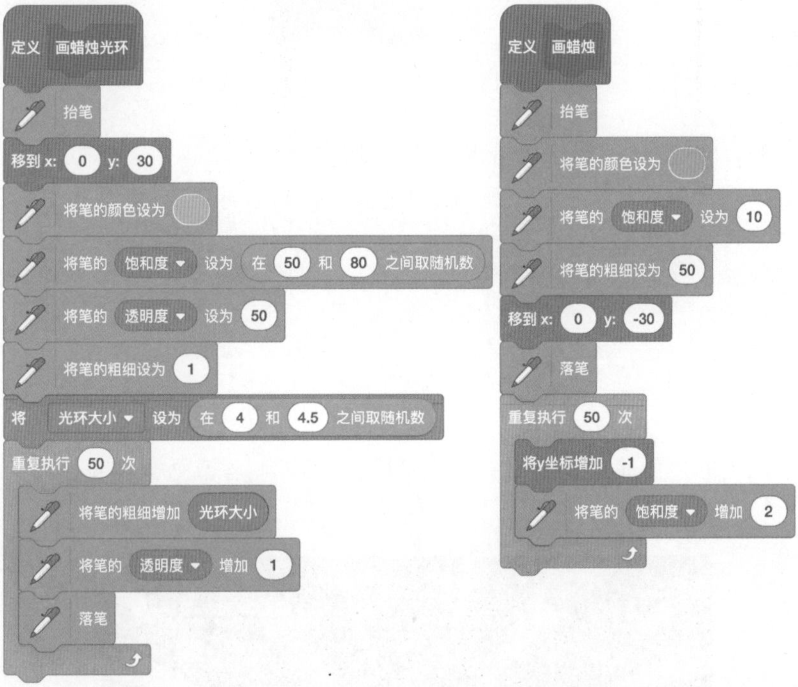

图 2-8-3　"画蜡烛光环"过程和"画蜡烛"过程的代码

在"画蜡烛"过程中,设置画笔的颜色、饱和度、粗细等参数,并绘制出一段饱和度渐变的粗线段作为蜡烛。

(3)编写"画蜡烛火焰"过程和"画一层火焰"过程的代码(见图 2-8-4)。

在"画蜡烛火焰"过程中,依次调用"画一层火焰"过程绘制出大小和颜色不同的 3 层摆动的火焰。即在每次调用"画一层火焰"过程时将按一定比例缩小"大小"和"长度"变量值作为参数。

在"画一层火焰"过程中,调用"画火焰底部"过程和根据"X 偏移"列表中的数据绘制出

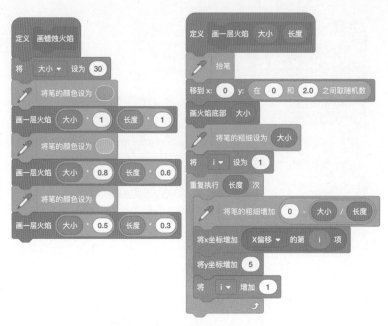

图 2-8-4　"画蜡烛火焰"过程和"画一层火焰"过程的代码

扭曲的火焰外观,实现受风的影响而出现火焰摆动的效果。

限于篇幅,"画火焰底部"过程和"画灯芯"过程的代码不再列出,可以从该作品的模板文件中查看这两个过程的代码。

2.9　彩色光线

作品描述

该动画作品用彩色的线条构造出一个移动的光线阵列,作品效果图见图 2-9-1。阵列中

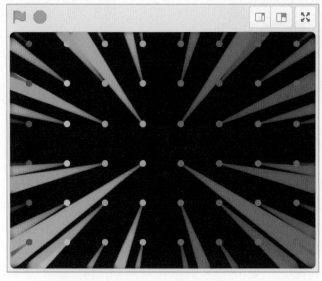

图 2-9-1　作品效果图

每一列分布一种颜色的光线,每个光线在移动时会根据位置改变照射方向,呈现出动感的视觉效果。

💡 创作思路

利用画笔克隆体技术绘制彩色的圆点阵列,每个圆点背向舞台中心延伸出逐渐变大的彩色线条。

📋 编程实现

先观看资源包中的作品演示视频 2-9. mp4,再打开模板文件 2-9. sb3 进行项目创作。

(1)编写创建画笔阵列的代码(见图 2-9-2)。

在主程序中,调用"创建画笔阵列"过程创建 6 行 8 列共 48 个画笔克隆体。以坐标 $(-210,150)$ 为起点,水平和垂直间隔都为 60 个单位。为每一列画笔克隆体指定一种颜色,颜色值存放在私有变量"颜色"中。颜色值从 0 变化到 105,两个颜色值之间间隔 15。注意,在创建"创建画笔阵列"过程时需要勾选"运行时不刷新屏幕",从而实现快速创建克隆体的目的。

另外,在"重复执行"积木下,调用"全部擦除"积木不断地擦除舞台上绘制的内容,使得移动的彩色光线阵列能够呈现出来。

(2)编写控制画笔克隆体向下移动的代码(见图 2-9-3)。

当画笔克隆体启动后,使用"重复执行"积木不断地调用"画笔向下移动"过程,控制画笔克隆体从舞台的顶部向底部移动,在到达舞台底部(y 坐标小于 -179)后,将其定位到舞台顶部(y 坐标设为 180)。在画笔克隆体移动过程中,调用"画圆点"和"画光线"两个过程,绘制出彩色的圆点和光线,呈现一个彩色光线阵列的效果。

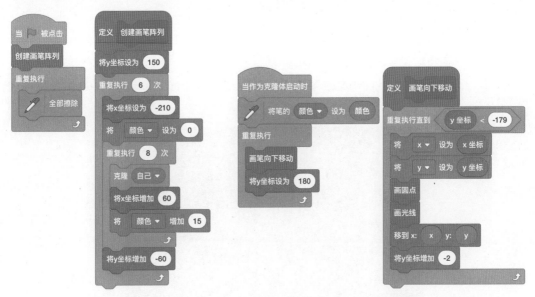

图 2-9-2 创建画笔阵列   图 2-9-3 移动画笔克隆体和绘制光线

(3)编写"画圆点"和"画光线"过程的代码(见图 2-9-4)。

在"画圆点"过程中,将画笔的透明度设为 0,粗细设为 10,画出一个彩色的圆点。

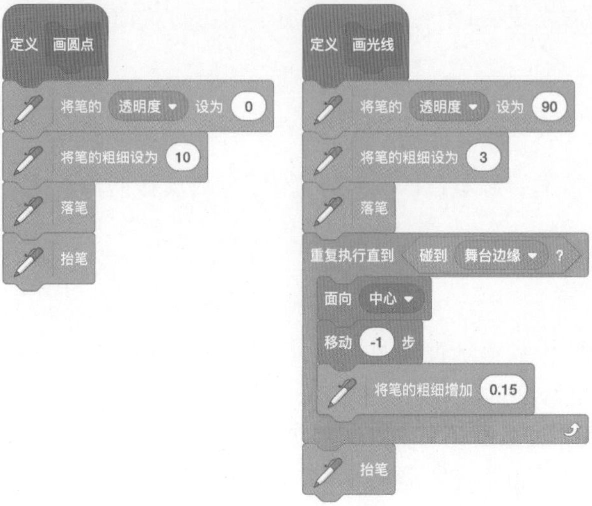

图 2-9-4　"画圆点"和"画光线"过程的代码

在"画光线"过程中，将画笔的透明度设为 90，粗细设为 3，背向舞台中心画出一条从彩色圆点处到舞台边缘逐渐变粗的彩色线条。为便于编程，创建一个名为"中心"的空角色，并将其位置固定在舞台中心（0，0）处，然后调用"面向'中心'"积木和"移动－1 步"积木，实现背向舞台中心移动画笔的目的。在创建"画光线"过程时需要勾选"运行时不刷新屏幕"，从而实现快速绘制彩色光线的目的。

2.10　炫彩圆舞

作品描述

该动画作品利用画笔的圆周运动和随机运动呈现出绚烂斑斓的画面，作品效果见图 2-10-1。作品中运用大量的画笔克隆体在运动中绘制渐变的彩色轨迹，通过设置各种随

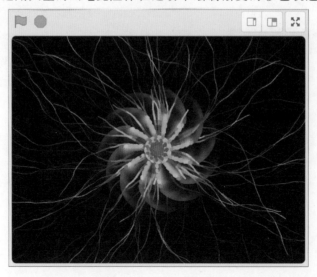

图 2-10-1　作品效果图

机参数,使得这些轨迹构成样式多变的美丽图案,给人以赏心悦目的视觉享受。

 创作思路

利用画笔克隆体技术动态地绘制彩色的运动轨迹。每个画笔克隆体从舞台的中心开始向右旋转画出一个大圆,再向左旋转画出一个小圆,最后让画笔从舞台中心向舞台边缘画出一条随机的曲线。一边画出彩色的轨迹,一边又被不断地擦除。大量画笔同时工作,就呈现出让人惊艳的视觉效果。

编程实现

先观看资源包中的作品演示视频 2-10.mp4,再打开模板文件 2-10.sb3 进行项目创作。

(1)编写主程序的代码(见图 2-10-2)。

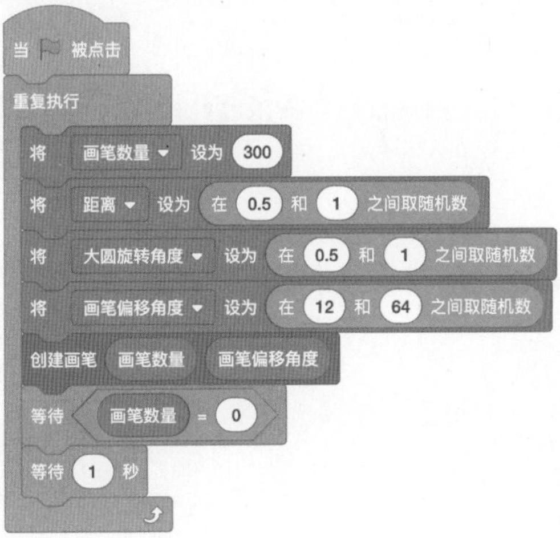

图 2-10-2 主程序的代码

在主程序中使用"重复执行"积木将动画效果反复呈现在舞台上。设置"画笔数量"变量的值为 300,将会创建 300 个画笔克隆体同时工作;给"距离""大圆旋转角度""画笔偏移角度"等变量设定一些随机的数值,使得每次呈现的画面变化多姿。通过调用"创建画笔"过程创建大量画笔克隆体来完成绘图工作。通过"等待……"积木来等待完成绘图工作,当画笔数量变量的值为 0 时,则表示所有画笔克隆体工作完毕。在等待 1 秒之后,就进入下一轮循环。

(2)编写"创建画笔"过程的代码(见图 2-10-3)。

在"创建画笔"过程中,通过"数量"和"偏移角度"两个参数变量创建画笔克隆体。首先对"画笔"角色进行初始化设置,然后用循环结构不断地创建 300 个画笔克隆体,每个克隆体初始位置放在舞台中心,初始方向偏移一定的角度,使得 300 个克隆体能向四周呈螺旋状移动。当克隆体启动时,依次调用"向右转画大圆""向左转画小圆""向舞台边缘画曲线"3 个过程完成绘图工作。每个画笔克隆体画完之后,就将变量"画笔数量"的值减 1,然后删除当前克隆体。

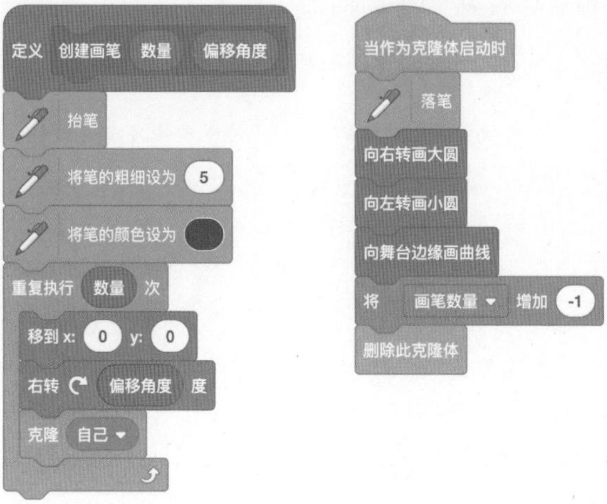

图 2-10-3　创建画笔克隆体的代码

（3）编写"向右转画大圆"过程和"向左转画小圆"过程的代码（见图 2-10-4 和图 2-10-5）。

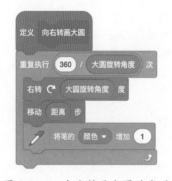

图 2-10-4　向右转画大圆的代码

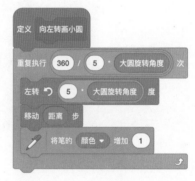

图 2-10-5　向左转画小圆的代码

　　圆的画法采用正多边形逼近法，"距离"变量的值作为正多边形的边长，"大圆旋转角度"变量的值作为正多边形的外角，由 360 除以外角可算得正多边形的边数。每画一条边时，将画笔颜色值增加 1，从而画出渐变的各种颜色，呈现出绚丽斑斓的效果。

　　（4）编写"向舞台边缘画曲线"过程的代码（见图 2-10-6）。

　　在画完小圆后，画笔回到舞台中心位置，然后采用随机改变方向的方式向舞台边缘画出一条曲线。每画一段线就将画笔颜色值增加 10，将画笔粗细减小 0.3，从而得到一条逐渐变细的彩色曲线。

　　（5）编写快速擦除舞台内容的代码（见图 2-10-7）。

　　这段代码的作用与"水墨蝌蚪"作品一样，都是使用"图章"积木实现快速擦除舞台上画出的内容，不同之处是虚像特效值设定为 90（即透明度为 90）。

　　运行项目，就可以观赏舞台上绚烂斑斓的视觉效果。如果为作品添加一个好听的背景音乐，将会获得更好的视听效果。

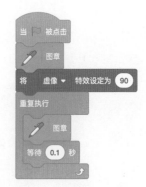

图 2-10-6　向舞台边缘画曲线的代码　　　　图 2-10-7　用图章擦除舞台内容

2.11　静电球

作品描述

　　该动画作品用灵动的弧光呈现一个魔幻般的静电球,作品效果见图 2-11-1。一条条弧光从球体中心向四周扭曲延伸,在黑暗中呈现出美丽的视觉效果。

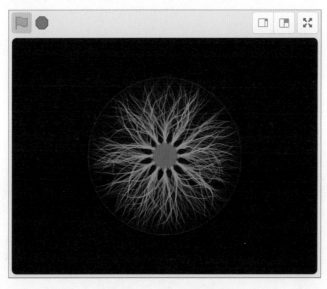

图 2-11-1　作品效果图

创作思路

　　利用画笔克隆体技术绘制从球体中心向四周扭曲延伸的蓝色线条,从而呈现一个光芒四射的静电球效果。

编程实现

先观看资源包中的作品演示视频 2-11.mp4，再打开模板文件 2-11.sb3 进行项目创作。

（1）编写主程序的代码（见图 2-11-2）。

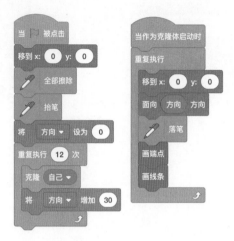

图 2-11-2　主程序的代码

在主程序中，创建 12 个画笔克隆体，分别面向 12 个时针方向，将角度值存放在私有变量"方向"中。

在"当作为克隆体启动时"积木下，使用"重复执行"积木不断地调用"画端点"过程和"画线条"过程绘制出静电球放电的动画效果。

（2）编写"画端点"过程和"画线条"过程的代码（见图 2-11-3）。

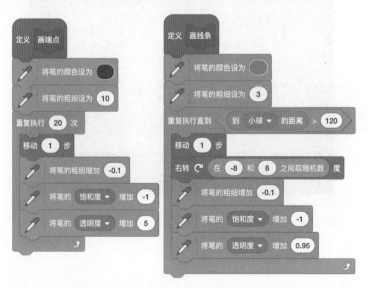

图 2-11-3　"画端点"和"画线条"过程的代码

在"画端点"过程中，使用一个次数型循环结构控制画笔向前移动，并不断缩小画笔粗细、减少饱和度、增加透明度，从而画出表示电弧线条的端点。

在"画线条"过程中,使用一个条件型循环结构控制画笔随机旋转和向前移动,并不断缩小画笔粗细、减少饱和度、增加透明度,从而画出表示电弧的弯曲线条。

(3)制作静电球的外壳。

创建一个名为"圆圈"的空角色,然后在绘图编辑器中利用"圆"工具画出一个圆形(轮廓颜色为白色、轮廓粗细为1、填充色为透明色),接着将造型大小调整为240×240。最后在该角色的代码区中,调用"将虚像特效设定为75",坐标设置为(0,0)。这样就为静电球增加了一个透明的外壳。可在该作品的模板文件中查看该角色及其代码。

(4)编写擦除舞台背景的代码(见图2-11-4)。

为舞台创建一个黑色的背景,然后编写代码将虚像特效设定为95,并不停地调用"图章"积木,实现快速擦除舞台背景上绘制的旧内容,使新绘制的内容呈现出来。

图 2-11-4　擦除舞台背景的代码

2.12　灿烂的烟花

? 作品描述

该动画作品通过绚丽的光影呈现一幅烟花灿烂绽放的美丽景象,作品效果见图 2-12-1。作品以影音方式模拟烟花的燃放,伴随一声巨响,一束光划破黑暗的夜空,瞬间绽放成一朵流光溢彩的火花。

图 2-12-1　作品效果图

💡 创作思路

将烟花燃放的过程分为升空、开花和爆炸 3 个阶段。光束升空时,随机向左或右旋转一定角度,形成略微弯曲的上升路线;火花绽放时,利用画笔克隆技术绘制呈辐射状散开的火花；爆炸时，在爆炸点周围随机生成彩色的亮点。

编程实现

先观看资源包中的作品演示视频 2-12. mp4，再打开模板文件 2-12. sb3 进行项目创作。

（1）编写主程序和擦除舞台背景的代码。

如图 2-12-2 所示，这是"烟花"角色主程序的代码。在"重复执行"积木中以 3 秒的间隔不断地调用"烟花长空"过程和"烟花绽放"过程，在舞台上绘制烟花燃放的动画效果。

如图 2-12-3 所示，这是在舞台代码区中编写的擦除舞台背景的代码。通过不断地调用"将'虚像'特效设定为……"积木和"图章"积木，将黑色背景绘制到舞台上，从而快速擦除舞台上绘制的内容。

图 2-12-2　主程序的代码　　　图 2-12-3　擦除舞台背景的代码

（2）编写烟花升空的代码（见图 2-12-4）。

在"烟花升空"过程中，画出一支彩色的火焰从舞台底部（y 坐标 -180）向舞台上方（y 坐标为 100）移动，并随机旋转一定角度，使得火焰的移动路径发生一些弯曲。

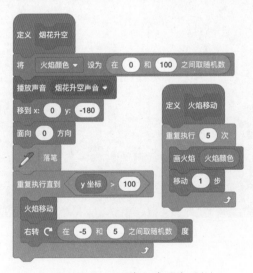

图 2-12-4　烟花上升的代码

在"火焰移动"过程中，用指定的颜色作为参数调用"画火焰"过程绘制出火焰的外观，并控制火焰向前移动。

（3）编写"画火焰"过程的代码（见图 2-12-5）。

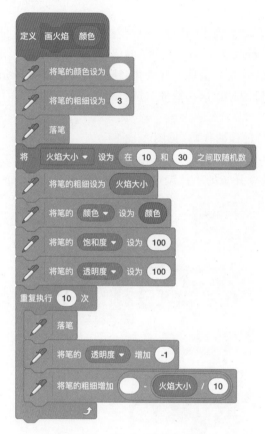

图 2-12-5 "画火焰"过程的代码

在"画火焰"过程中，将画笔的颜色设为白色、画笔的粗细设为 3，绘制出火焰前端的高亮部分。然后，通过不断减小画笔的透明度和粗细，绘制出边缘模糊的彩色火焰。每次画火焰时，设定变量"火焰大小"为一个随机数值，使得火焰的轨迹大小有一些变化，从而获得更好的视觉效果。

（4）编写"烟花绽放"过程的代码（见图 2-12-6）。

在"烟花绽放"过程中，重复 5 次调用"生成花瓣"过程，绘制出 5 层大小不同的花瓣，呈现出一朵在夜空中绽放的美丽火花。私有变量"移动距离"用于控制花瓣的大小，由外向内不断缩小花瓣的大小。通过增加"起始方向"变量的值，使得每一层花瓣能够错开一定角度，从而让绽放的火花显得饱满。

在"生成花瓣"过程中，创建 12 个画笔克隆体用来绘制花瓣，每两个花瓣之间间隔 30 度，让 12 个花瓣面向四周均匀分布。

（5）编写烟花花瓣运动的代码（见图 2-12-7）。

在"当作为克隆体启动时"积木下，编写控制各个花瓣向四周移动的代码。每个花瓣移动的距离由私有变量"移动距离"控制，并且在调用"移动……步"积木时给定一个 1 到 3 之间的随机数值，使得每个花瓣移动的距离有一些变化。同时，每个花瓣在移动时根据其面向的方向向左或向右旋转 1 度，从而绘制出弯曲的花瓣轨迹。利用"方向/绝对值（方向）"积木组合可以计算出每个花瓣旋转的方向，当花瓣的方向值在区间(0,180]内就向右旋转1度，在区间(180,360)内就向左旋转1度。

　　各个花瓣在移动时，调用"画火焰"过程绘制花瓣外观。私有变量"颜色"用于控制花瓣的颜色，并且在移动中不断地改变"颜色"变量的值，每次改变的数量取−5到5之间的一个随机数。这样出现的花瓣轨迹会呈现一些变化，让整个烟花显得缤纷绚丽。

　　当整个烟花绽放之后，调用"烟花消散"过程绘制一些逐渐消失的闪耀斑点，从而结束整个烟花燃放的过程。

　　(6) 编写"烟花消散"过程的代码(见图2-12-8)。

　　在"烟花消散"过程中，以各个花瓣的末端为中心，在面向四周50步的范围内，调用"画火焰"过程绘制出一些随机分布的彩色斑点。

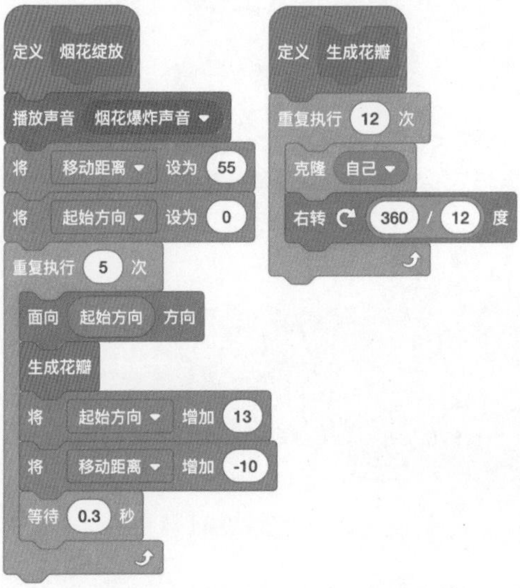

图 2-12-6　"烟花绽放"过程的代码

图 2-12-7　烟花花瓣运动的代码

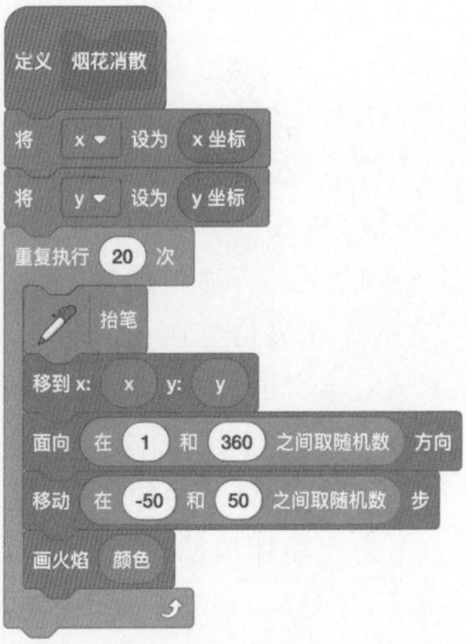

图 2-12-8　"烟花消散"过程的代码

第3章 趣味游戏

3.1 贪吃蛇

作品描述

  该游戏作品是一个借鉴自经典"贪吃蛇"的休闲小游戏,作品效果见图 3-1-1。玩家通过鼠标指针引导贪吃蛇前进去吃散落在舞台上的苹果,从而使得蛇身变得越来越长。该作品将"贪吃蛇"游戏原来的规则进行了简化,使得游戏容易编程实现。

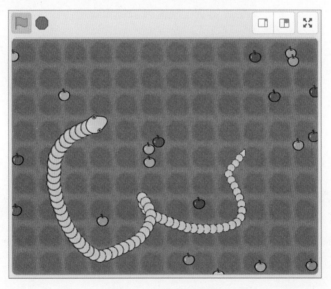

图 3-1-1　作品效果图

创作思路

  利用列表以队列结构存放蛇头经过的位置信息(坐标和方向),并使列表的长度与蛇身长度保持一致。通过遍历列表中的位置信息,用"图章"积木将蛇的身体动态地绘制在舞台上。

▲▲ 编程实现

先观看资源包中的作品演示视频 3-1.mp4，再打开模板文件 3-1.sb3 进行项目创作。

这是一款规则简单的贪吃蛇游戏，由"苹果"角色和"贪吃蛇"角色构成，玩家移动鼠标指针指引贪吃蛇去吃苹果。

"苹果"角色负责以 1 秒的时间间隔在舞台上随机放置不同颜色的苹果克隆体。如果苹果克隆体碰到贪吃蛇的头部，就删除该克隆体。

"贪吃蛇"角色负责接受玩家的鼠标操控，始终面向鼠标指针移动，并不断地将蛇头的位置信息记录到列表中。如果蛇头碰到苹果克隆体，就将"数量"变量的值加一。同时，使列表的长度与"数量"变量的值相等。另外，根据列表中的位置信息绘制出贪吃蛇的身体。

该游戏作品主要是对"贪吃蛇"角色进行编程，下面对核心功能进行说明。

（1）记录贪吃蛇的位置信息。

如图 3-1-2 所示，在游戏运行中，当"贪吃蛇"角色距离鼠标指针超过 30 个单位时，就面向鼠标指针移动，并将当前位置信息（方向、x 坐标和 y 坐标）分别加入对应的列表中。

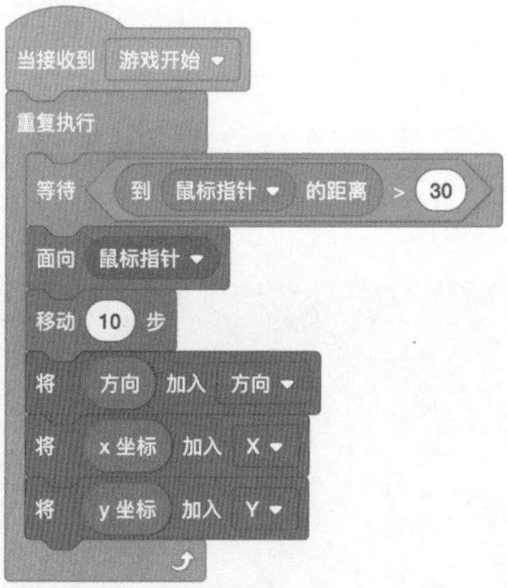

图 3-1-2　记录位置信息

（2）维持列表的长度。

如图 3-1-3 所示，这是维持存放位置信息的各列表长度的代码。当"方向"列表的项目数大于"数量"变量的值时，就删除各列表的第 1 项。通过实时地检测"方向"列表的项目数，使各列表的长度与蛇身的长度相等。

（3）绘制贪吃蛇的身体。

如图 3-1-4 所示，这是绘制贪吃蛇身体的代码。使用循环结构遍历各列表中的位置信息，设置画笔的坐标和方向，再用"图章"积木将蛇身造型或蛇尾造型绘制在舞台上。

在该游戏的程序中，将列表作为一种队列结构使用。新的位置信息被追加到列表的尾部，无用的位置信息从列表的头部被删除。因此，列表中的第 1 项是最早被加入的数据，可以读取各列表的第 1 项存放的位置信息，在该位置绘制贪吃蛇的尾巴。

该作品的其他代码限于篇幅未能列出和说明，请在该作品的模板文件中查看代码和阅读注释。

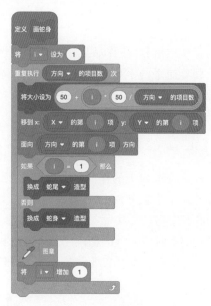

图 3-1-3　维持列表长度　　　　图 3-1-4　绘制贪吃蛇身体

3.2　棒球防守

作品描述

　　该游戏作品是一个简单的棒球防守小游戏,作品效果图见 3-2-1。玩家在游戏中扮演一名野手,通过鼠标操控一只红色的棒球手套努力接住从远处飞来的一个棒球,如果接住就获得 1 分,否则不得分。游戏时间设定为 60 秒,时间到则游戏结束。

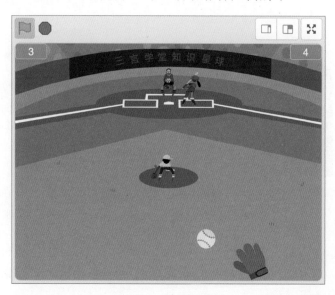

图 3-2-1　作品效果图

创作思路

为了简化编程,该作品从棒球运动中选取一个场景进行模拟。游戏开始后,站在投手丘的投手朝着捕手的手套方向投出一个球,站在打击区的击球员挥动球棒将球打出,小球以极快的速度飞向外野,玩家扮演的野手负责将球接住。玩家用鼠标操控一只红手套在舞台下方水平移动,接住飞来的小球就能得分。

编程实现

先观看资源包中的作品演示视频 3-2. mp4,再打开模板文件 3-2.sb3 进行项目创作。

该游戏作品使用 Scratch 自带的素材,并对部分素材做了修改。如图 3-2-2 所示,这是该作品用到的 6 个角色。其中,"捕手"角色不参与游戏的互动,仅用于显示;"裁判"角色仅用于显示游戏和结束时的提示信息;"投手"角色和"击球员"角色分别只有一个投球和击球的动作,都是通过切换不同造型实现动画效果。另外,舞台负责游戏的倒计时和发消息通知投手发球。

图 3-2-2　角色列表

该游戏作品主要是对"手套"角色和"棒球"角色进行编程,下面对核心功能进行说明。

(1)"手套"角色的水平移动和生成振动效果。

如图 3-2-3 所示,这是控制"手套"角色水平运动的代码。将"手套"角色限制在舞台底部 y 坐标−150 处,并且只能跟随鼠标指针在水平方向上左、右移动。

如图 3-2-4 所示,这是让手套产生振动效果的代码。当玩家接住球时,通过多次改变"手套"角色的大小,呈现手套受到棒球冲击而产生振动的效果。

图 3-2-3　控制"手套"角色水平运动

图 3-2-4　手套产生振动效果

(2)投手投出一个球。

投手在做投球动作时,会广播"投出一个球"的消息。如图 3-2-5 所示,当"棒球"角色接收到"投出一个球"消息时,在 0.2 秒内将棒球从"投手"角色的位置平滑移动到捕手位置。

(3)击球员击飞棒球。

击球员在做挥棒击球动作时,会广播"打出一个球"的消息。如图 3-2-6 所示,当"棒球"

角色接收到"打出一个球"消息时,在 0.5 到 1 秒内让棒球从捕手位置滑行到舞台底部水平方向的任意位置。

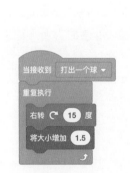

图 3-2-5　棒球从投手滑行到捕手

图 3-2-6　棒球从捕手滑行到舞台底部

（4）棒球运动效果。

如图 3-2-7 所示,当棒球被击飞时,一边向舞台底部滑行,一边旋转变大,使棒球呈现由远到近的运动效果。

如图 3-2-8 所示,当玩家没有接住棒球,使用"将'虚像'特效增加……"积木让"棒球"角色逐渐透明以至消失,同时让"棒球"角色不断增大,呈现棒球飞出舞台的冲击效果。

（5）玩家接住棒球。

如图 3-2-9 所示,用距离侦测积木判断棒球是否被接住。当"棒球"角色到"手套"角色的距离小于 20 个单位时,就认为棒球被接住。这样可以避免使用"碰到……"积木进行检测时出现碰到手套边缘而认为棒球被接住的情况发生。

图 3-2-7　小球旋转变大　　　　图 3-2-8　小球变大消失　　　　图 3-2-9　玩家接住棒球

该作品的其他代码限于篇幅未能列出和说明,请在该作品的模板文件中查看代码和阅读注释。

3.3　跳下 100 层

作品描述

　　该游戏作品是一个名叫"跳下 100 层"的休闲过关小游戏，作品效果见图 3-3-1。在游戏中一只只扫把不断地向上浮动，玩家通过键盘的左、右方向键操控站在扫把上的"小猫"角色向左或向右移动，并从高处的扫把向下跳到低处的扫把上。如果小猫踩空掉到地面，则视为游戏失败；如果能坚持超过 100 下，则视为游戏胜利。

图 3-3-1　作品效果图

创作思路

　　该游戏作品主要实现小猫在浮动平台(扫把)上的行走和跳跃，采用"替身法"实现对"小猫"角色的操控。具体方法是，将一个小长方形("替身"角色)作为"小猫"角色的替身，玩家控制小长方形向左或向右移动，同时将"小猫"角色移动到小长方形的位置，达到两者同步运动的效果。在程序运行时将作为替身的小长方形隐藏起来，看上去只是在控制"小猫"角色。这个方法可以避免因"小猫"角色的外形过大而与"扫把"角色产生不必要的碰撞。

编程实现

　　先观看资源包中的作品演示视频 3-3.mp4，再打开模板文件 3-3.sb3 进行项目创作。
　　该游戏作品用到的角色见图 3-3-2，其中，"小猫"角色和"扫把"角色取自 Scratch 自带的素材，"替身"角色需要自己制作。"替身"角色的制作方法：先在绘图编辑器中使用矩形工具在画布中心位置画一个黑色的小长方形，其宽度与小猫造型的宽度相当。然后，使用角色属性面板将"小猫"角色和"替身"角色的 x 坐标和 y 坐标都设为 0，使其在舞台上重叠在一起。最后，在绘图编辑器中调整小长方形的位置，使舞台上的小长方形位于"小猫"角色脚底的位置,从舞台上看是小猫站在"替身"角色(小长方形)上,其效果如图 3-3-3 所示。

图 3-3-2 角色列表　　　　　　　图 3-3-3 使"小猫"角色站在"替身"角色上

该游戏作品主要是对"替身"角色进行编程,下面对核心功能进行说明。

(1)"替身"角色的初始化。

如图 3-3-4 所示,对"替身"角色进行初始化,设置旋转方式、初始位置和虚像特效。将"替身"角色的虚像特效设定为 100,可以让它在舞台上看不见,但是却可以进行碰撞侦测。在程序调试阶段,可以先将虚像特效设定为 0。

(2)用键盘控制替身移动。

如图 3-3-5 所示,使用键盘的左、右方向键分别控制"替身"角色向左或向右移动。在移动"替身"角色时,也要调整它的方向,以便于"小猫"角色与之同步方向。还要广播"下一个造型"消息,使"小猫"角色切换造型,呈现行走的动画效果。

图 3-3-4 "替身"角色初始化　　　　　图 3-3-5 控制"替身"角色向左或向右移动

(3)控制"替身"角色停靠在"扫把"角色上。

在游戏开始后,"替身"角色默认会向下坠落,如果碰到"扫把"角色,则停靠在扫把上。控制"替身"角色停靠的代码见图 3-3-6。在代码中,使用变量"下降速度"控制"替身"角色向下移动,"替身"角色在坠落时,让变量"下降速度"的值每次增加 0.15,从而使"替身"角色的下降速度不断加快。在定义"降落"过程的代码中,"替身"角色每次向下移动 1 个单位,使得

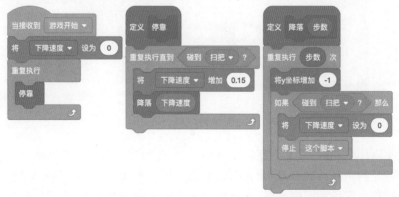

图 3-3-6 控制"替身"角色停靠在"扫把"角色上

对"扫把"角色（克隆体）的碰撞检测比较精确。需要注意的是，在创建"降落"过程时，需要勾选"运行时不刷新屏幕"选项，从而使该过程的执行速度加快。

（4）使"小猫"角色与替身保持一致。

如图 3-3-7 所示，使"小猫"角色的位置和方向与"替身"角色始终保持一致。在游戏运行中，"替身"角色是不可见的，只能看到"小猫"角色在舞台上运动。

（5）呈现小猫行走的动画效果。

当通过键盘控制"替身"角色向左或向右移动时，需要让"小猫"角色切换造型以呈现行走的动画效果。在"替身"角色中广播"下一个造型"消息给"小猫"角色，在"小猫"角色中需要编写接收"下一个造型"消息的响应代码，如图 3-3-8 所示。

图 3-3-7　使小猫保持与小猫替身一致　　　图 3-3-8　小猫切换造型

（6）生成不断向上浮动的扫把。

如图 3-3-9 所示，这是创建和控制"扫把"角色克隆体的代码。在游戏开始后，不断地创建"扫把"角色的克隆体，让其从舞台底部向上移动。克隆体的初始位置设在舞台底部 y 坐标为 -170、x 坐标为 $-200\sim200$ 之间的随机数。创建两个克隆体的时间间隔取 $0.5\sim3$ 秒的随机数，从而使得两个扫把克隆体间隔的距离不相同。

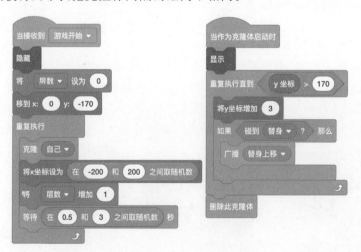

图 3-3-9　创建和控制"扫把"角色的克隆体

当扫把克隆体启动时，让其不断向上移动（y 坐标每次增加 3），如果碰到"替身"角色就广播"替身上移"的消息，使"替身"角色与扫把克隆体一起向上移动。与此同时，"小猫"角色也会与"替身"角色保持相同的位置，从舞台上看是小猫站在扫把上，跟随扫把向上移动。

该作品的其他代码限于篇幅未能列出和说明,请在该作品的模板文件中查看代码和阅读注释。

3.4 宝石矿工

? 作品描述

该游戏作品是一个借鉴自经典"黄金矿工"的休闲小游戏,作品效果见图 3-4-1。玩家扮演一名矿工,使用夹子工具抓取舞台上随机摆放的宝石,避免抓到石头。如果抓到石头,那么夹子回收的速度将会比抓到宝石要慢一些。游戏时间设定为 60 秒,时间到则游戏结束。

图 3-4-1 作品效果图

创作思路

该游戏作品主要实现夹子工具的放出和收回,以及绘制一条连接夹子和手柄的长度可变的线条。

编程实现

先观看资源包中的作品演示视频 3-4. mp4,再打开模板文件 3-4. sb3 进行项目创作。

该游戏作品用到的角色见图 3-4-2。其中,"矿工"角色仅用于定位手柄,不参与游戏的互动;"手柄"角色仅用于定位夹子,与"夹子"角色组合成"矿工"角色的抓宝石工具;"夹子"角色用于抓取宝石,并广播消息通知"画线"角色绘制夹子与手柄之间的连接线;"宝石"

图 3-4-2 角色列表

角色用于生成一批宝石克隆体,随机分布在舞台上;"画线"角色仅用于绘制夹子与手柄之间的连接线。另外,舞台用于启动游戏和进行游戏倒计时。

该游戏作品主要是对"夹子"角色进行编程,下面对核心功能进行说明。

（1）抓取宝石。

如图 3-4-3 所示,这是用鼠标操控夹子工具抓取宝石的代码。全局变量"动作状态"有两个取值：0 表示夹子未放出,1 表示夹子已放出。当夹子未放出时,将"夹子"角色移到"手柄"角色所在位置,并面向鼠标指针,使之跟随鼠标指针转动,定位要抓取的宝石。当玩家按下鼠标按键时,就调用"放出夹子"过程和"收回夹子"过程,实现抓取宝石的操作。

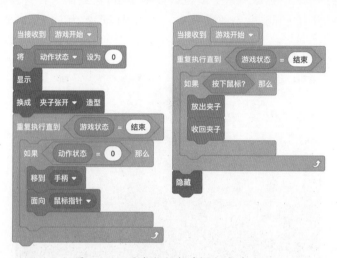

图 3-4-3　用鼠标操控夹子抓取宝石

（2）放出夹子和收回夹子。

如图 3-4-4 所示,在"放出夹子"过程中,先将从"夹子"角色到鼠标指针之间的距离数值

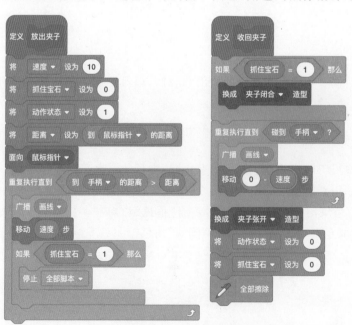

图 3-4-4　"放出夹子"和"收回夹子"过程

记录到"距离"变量中,然后让"夹子"角色向前移动去抓取宝石,直到它到"手柄"角色的距离大于"距离"变量的值或者抓住宝石时才停止。在"收回夹子"过程中,沿着放出夹子的反方向,将"夹子"角色反向移回手柄位置。无论是放出夹子,还是收回夹子,在"夹子"角色移动的同时,都要广播"画线"消息,通知"画线"角色重新绘制一条从夹子到手柄之间的黑色连接线。当夹子完全收回之后,调用"全部擦除"积木将这条黑色的连接线擦除。

（3）绘制连接线。

如图 3-4-5 所示,"画线"角色在接收到"画线"消息后,将画笔从手柄处移动到夹子处,绘制出一条连接两者的黑色线条。

该作品的其他代码限于篇幅未能列出和说明,请在该作品的模板文件中查看代码和阅读注释。

图 3-4-5 绘制连接线

3.5 抓娃娃机

作品描述

该游戏作品是一个模拟抓娃娃机的休闲小游戏,作品效果见图 3-5-1。在娃娃机的窗口内随机堆放着一些小熊、洋娃娃等各种各样的玩偶,玩家用手柄操控机械爪去抓取想要的玩偶。只要抓到了,玩偶就会从出口处被扔出来。

图 3-5-1 作品效果图

创作思路

该游戏作品主要实现机械爪的左右移动、升降和抓取等操作,以及将玩偶合理地分布以配合机械爪的抓取。

编程实现

先观看资源包中的作品演示视频 3-5.mp4，再打开模板文件 3-5.sb3 进行项目创作。

该游戏作品用到的角色见图 3-5-2。其中，"娃娃"角色用于生成一堆叠压在一起的娃娃玩偶；"机械爪"角色用于抓取娃娃并扔到出口通道；"手柄"角色用于提示玩家在操作机械爪；"锚点"角色用于辅助抓取娃娃；"钢索"角色用于配合机械爪的显示；"娃娃机外壳"角色用于呈现娃娃机的外观并遮挡住部分娃娃。

图 3-5-2　角色列表

该游戏作品主要是对"娃娃"角色和"机械爪"角色进行编程，下面对核心功能进行说明。

（1）生成一堆娃娃。

如图 3-5-3 所示，使用克隆积木生成 20 个娃娃克隆体，将它们随机放置在 x 坐标从 -60 到 180、y 坐标从 -100 到 -60 的区域内，并且各个克隆体之间的水平间隔为 30 个单位，垂直间隔为 20 个单位，这样能够避免机械爪一次抓到多个娃娃。并且，将 XY 列表作为各个娃娃克隆体坐标的集合，用来约束娃娃克隆体的坐标，防止一个坐标出现多个娃娃。

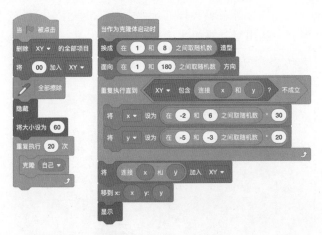

图 3-5-3　生成一堆娃娃

（2）娃娃吸附到机械爪。

如图 3-5-4 所示，如果机械爪在上升状态时没有抓到娃娃，并且娃娃克隆体碰到机械爪，同时娃娃到"锚点"角色的距离小于 15 个单位，那么就认为这个娃娃被抓获。然后，将它附着到机械爪上，跟随"锚点"角色一起移动，直到机械爪进入回收状态时，让娃娃克隆体落下，从出口处滚出来。

（3）机械爪的操控。

如图 3-5-5 所示，玩家通过键盘的左、右方向键操控机械爪向左或向右移动，以定位要抓取的娃娃。然后，持续按下空格键控制机械爪慢慢下降，当机械爪下降到一定位置时就松开空格键,机械爪将自动抓取该位置存在的娃娃。之后,机械爪夹着抓住的娃娃自动上升并返回出口通道的上方,再将机械爪张开,让娃娃落下并从出口处滚出来。

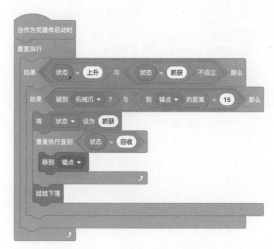

图 3-5-4 娃娃吸附到机械爪

(4)机械爪下降。

如图 3-5-6 所示,"下降"过程用于控制机械爪向下移动去抓取娃娃。当机械爪位于 y 坐标大于-70 的位置时可以不断向下移动,并广播"移动钢索"消息以通知"钢索"角色一起向下移动。如果玩家松开空格键,那么下降过程就结束了。

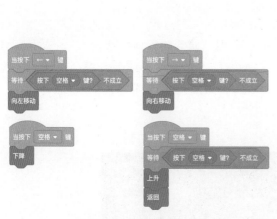

图 3-5-5 机械爪的操控

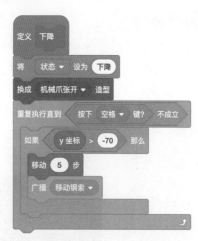

图 3-5-6 机械爪下降

(5)机械爪上升与返回。

如图 3-5-7 所示,"上升"过程用于控制机械爪向上升起。当机械爪的 y 坐标超过 15 时,就停止上升。机械爪在上升时,广播"移动钢索"消息以通知"钢索"角色一起向上移动。

"返回"过程用于控制机械爪返回出口通道的上方。当机械爪的 x 坐标大于-175 时,可以不断向左移动,并广播"移动钢索"消息以通知"钢索"角色一起向左移动。当机械爪的 x 坐标小于-175 时,机械爪到达出口通道上方,返回状态结束,转而进入回收状态,这时机

```
定义 上升                          定义 返回

将 状态 ▼ 设为 上升            播放声音 机械音效 ▼
换成 机械爪闭合 ▼ 造型          将 状态 ▼ 设为 返回
重复执行直到 y坐标 > 150        重复执行直到 x坐标 < -175
  移动 -5 步                      将x坐标增加 -5
  广播 移动钢索 ▼                 广播 移动钢索 ▼

                               将 状态 ▼ 设为 回收
                               换成 机械爪张开 ▼ 造型
                               等待 0.2 秒
                               换成 机械爪闭合 ▼ 造型
                               将 状态 ▼ 设为 待命
```

图 3-5-7   机械爪上升和返回

械爪会张开,让娃娃落下。

　　该作品的其他代码限于篇幅未能列出和说明,请在该作品的模板文件中查看代码和阅读注释。

3.6　登陆月球

作品描述

　　该游戏作品模拟嫦娥 4 号着陆器在月球表面软着陆的过程,作品效果见图 3-6-1。玩家使用键盘方向键操控着陆器运动,左、右方向键分别控制着陆器向左或向右飞行,上方向键控制着陆器上升。着陆器的燃料值是 100,控制着陆器左右移动或上升都会消耗一定数量的燃料。如果在燃料耗尽之前无法在指定区域安全着陆,着陆器将会撞向月球表面而爆炸,从而使游戏结束。

图 3-6-1   作品效果图

创作思路

该游戏作品主要实现用键盘方向键操控"着陆器"角色移动到舞台的指定区域。使用变量"垂直速度"和"水平速度"分别控制"着陆器"角色在垂直方向和水平方向上的移动速度，使用变量"燃料"控制着陆器可以消耗的燃料。另外，绘制一个椭圆形的"着陆区"角色，当"着陆器"角色靠近着陆区并且垂直速度和水平速度都小于限定的数值时，则视为着陆成功。

编程实现

先观看资源包中的作品演示视频3-6.mp4，再打开模板文件3-6.sb3进行项目创作。

在该模板文件中，已经预置了舞台背景、"着陆器"角色和"着陆区"角色。舞台背景是一张月球表面的图片，在图片的左下方位置，有一片相对平坦的区域，可以将"着陆区"角色放置在这里。"着陆器"角色由5个造型构成，每个造型对应一种状态，分别是关闭引擎、上升、向右、向左和爆炸，如图3-6-2所示。

该游戏作品主要是对"着陆器"角色进行编程，下面对核心功能进行说明。

（1）编写着陆器初始化的代码（见图3-6-3）。

初始化的内容包括，设定全局变量"垂直速度""水平速度""燃料""状态"的初始值，设定"着陆器"角色的造型、大小和位置。之后，广播"开始着陆"消息，由此开始登陆月球表面的过程。

图3-6-2　"着陆器"角色的造型列表

图3-6-3　着陆器初始化的代码

（2）编写着陆器降落的代码（见图3-6-4）。

利用一个循环结构控制"着陆器"角色在垂直和水平方向进行运动，通过不断增加变量"垂直速度"的值，模拟着陆器降落时的加速度运动效果。当着陆过程结束，根据变量"状态"的值提示登月成功或失败。

（3）编写控制着陆器移动的代码。

利用事件积木"当按下↑键""当按下←键""当按下→键"分别控制"着陆器"角色向上、向左或向右移动。如图3-6-5所示，这是控制着陆器向上移动的代码。当着陆器向上移动时，减少变量"垂直速度""燃料"的值，同时将着陆器切换为上升状态的造型。着陆器向左或向右移动的代码与之类似。

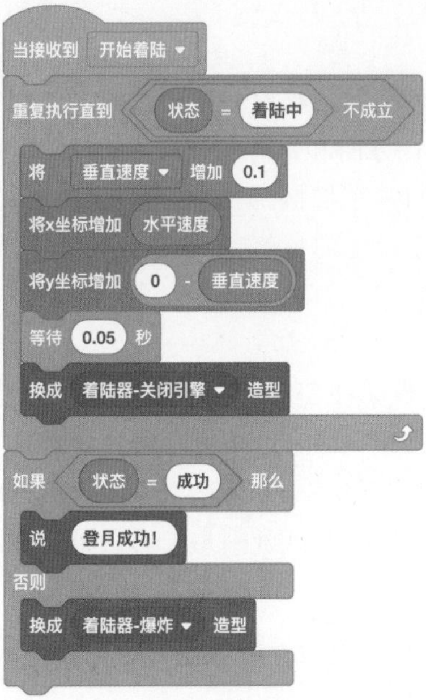

图 3-6-4   着陆器降落的代码 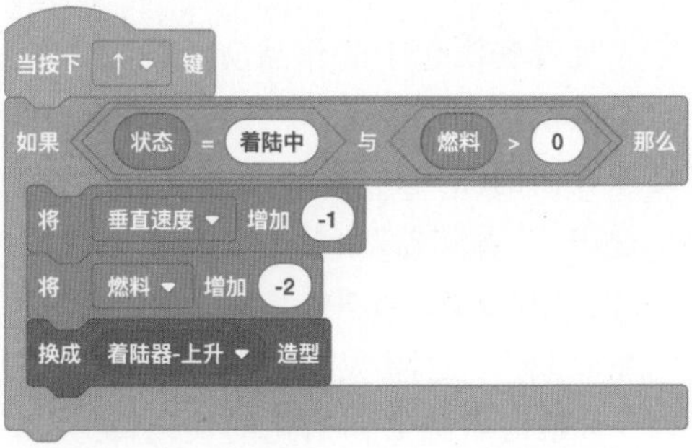   图 3-6-5   着陆器向上移动的代码

（4）编写检测登月成功或失败的代码（见图 3-6-6）。

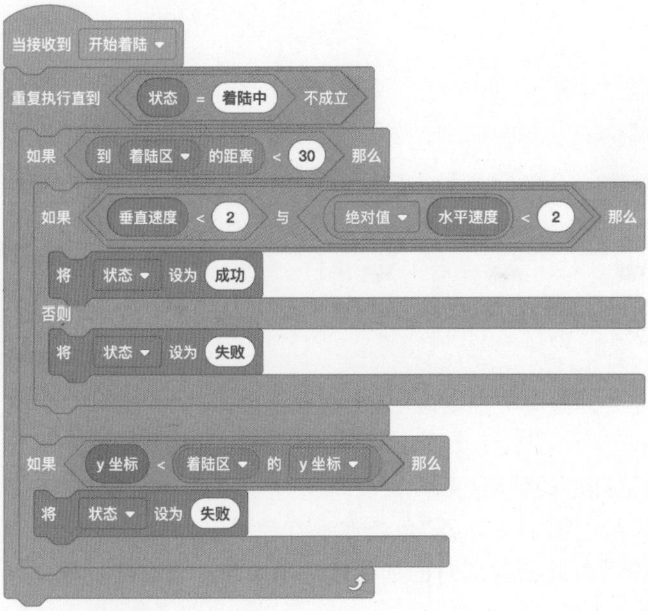

图 3-6-6   检测登月成功或失败的代码

判断着陆器登月成功需要满足 3 个条件：①"着陆器"角色与"着陆区"角色的距离小于 30；②着陆器的垂直速度小于 2；③着陆器的水平速度都小于 2。当登月成功时，将变量"状态"的值修改为"成功"。

判断着陆器登月失败需要满足 2 个条件：①"着陆器"角色与"着陆区"角色的距离大于30；②着陆器的 y 坐标小于着陆区的 y 坐标，即着陆器降落在着陆区之外，并且向下超过着陆区的位置，则视为着陆器坠毁。当登月失败时，将变量"状态"的值修改为"失败"。

该作品的其他代码限于篇幅未能列出和说明，请在该作品的模板文件中查看代码和阅读注释。

3.7 狙击精英

？ 作品描述

该游戏作品是一款简单的狙击手射击游戏，作品效果见图 3-7-1。玩家在游戏中扮演一名狙击手，在复杂的战场环境中搜索一群躲藏的骷髅，将其逐一消灭。游戏有两种模式，在普通模式下呈现被破坏的城市场景，玩家要搜寻躲藏在建筑物或街道上的骷髅，移动狙击枪的十字线对准目标进行射击；在狙击模式下只能通过一个瞄准镜观察目标，可以将画面放大多倍，以便发现细小的目标，然后瞄准射击。

(a) 普通模式

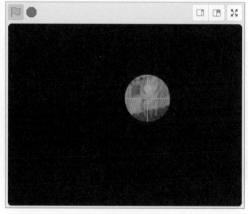
(b) 狙击模式

图 3-7-1 作品效果图

💡 创作思路

该游戏作品主要实现在狙击模式下提供具有多倍放大功能的狙击镜效果，模拟狙击手通过狙击镜发现并射击目标。可以用一个中间为圆形镂空的黑色矩形作为遮罩覆盖整个舞台区域，呈现通过狙击镜观察目标的效果。当调整狙击镜的放大倍数时，就按放大倍数相应地调整游戏场景图片的大小，同时放置在舞台上作为目标的角色也要相应地调整大小。

📋 编程实现

先观看资源包中的作品演示视频 3-7.mp4，再打开模板文件 3-7.sb3 进行项目创作。

该游戏作品用到的 7 个角色见图 3-7-2。其中，"场景"角色作为游戏场景使用，可根据需要调整大小；"十字线"角色用于给玩家瞄准定位目标；"镜片"角色用于放在黑色遮罩的圆形镂空处,可调整颜色和透明度,实现滤镜效果;"遮罩"角色用于遮挡整个舞台区域,只有中间的镂空部分能够看到游戏场景;"子弹"角色用于与目标碰撞,实现子弹击中目标的效果;"狙击枪"角色用于普通模式下的辅助显示,始终面向"十字线"角色转动;"骷髅"角色作为游戏中的射击目标,被有意放置在游戏场景中不易被发现的地方,在狙击模式下通过调整狙击镜的放大倍数才能容易被发现。

图 3-7-2　角色列表

该游戏作品主要是围绕狙击模式进行编程,下面对核心功能进行说明。

(1)玩家操作。

模式切换:用空格键在普通模式和狙击模式之间进行切换。

倍率调整:用鼠标滚轮调整狙击镜的倍率。在 Scratch 中使用"当按下↑键"积木和"当按下↓键"积木可以分别响应鼠标滚轮向前或向后滚动的事件。这样可以在观察目标时通过鼠标滚轮平滑地放大或缩小游戏场景。也可以再定义两个键盘按键来调整狙击镜的倍率,例如,按 W 键放大和按 E 键缩小。

射击目标:按下鼠标左键或右键。

(2)"十字线"角色坐标的计算。

在该游戏中各个角色的坐标都依赖于"十字线"角色的坐标。在普通模式和狙击模式下,"十字线"角色始终随鼠标指针移动。为了避免鼠标指针遮挡"十字线"角色,对十字线的坐标进行偏移,使其处在鼠标指针的左上方位置。

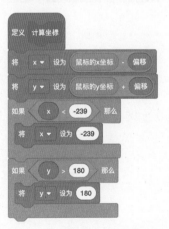

如图 3-7-3 所示,在"计算坐标"过程中计算"十字线"角色的坐标。用"鼠标的 x 坐标－偏移"计算出"十字线"角色的 x 坐标,用"鼠标的 y 坐标＋偏移"计算出"十字线"角色的 y 坐标。其中,全局变量"偏移"的值在程序初始化时被设定为 20。另外,为防止在狙击模式下"场景"角色放大后造成舞台左端和上端出现空白的情况,对"十字线"角色的坐标进行限制,使十字线 x 坐标最小值为－239、y 坐标的最大值为 180。

(3)调整"场景"角色的大小和位置。

一般情况下,使用"将大小设为……"积木不能自由调整角色的大小。但是通过一个小技巧,就能解决这个问题。如图 3-7-4 所示,在"改变场景大小"过程中,先将

图 3-7-3　"十字线"角色坐标的计算

角色换成空造型,然后按倍率调整角色大小,之后再将角色切换为游戏场景的造型。这样就可以正确地将角色调整成自己需要的大小。其中,名为"空造型"的造型,是使用造型列表区

下方的添加造型菜单中的"绘制"命令新创建的一个空白造型,其大小只有 2×2。而使用角色列表区下方的添加角色菜单中的"绘制"命令新创建一个空角色时,会创建一个大小为 0×0 的空白造型。使用这个空白造型,可以把角色调整得更大。

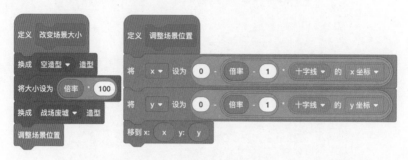

图 3-7-4 调整场景的大小和位置

当狙击镜的倍率改变后,不仅要改变场景的大小,还要调整场景的位置。如图 3-7-4 所示,在"调整场景位置"过程中,根据全局变量"倍率"的值用公式计算出新的坐标,然后重新设定场景的位置。

(4)调整"骷髅"角色的大小和位置。

当狙击镜的倍率改变后,场景的大小和位置都做了调整,那么放置在场景上的"骷髅"角色(射击目标)的大小和位置也要相应地调整。如图 3-7-5 所示,在"调整目标大小和位置"过程中,根据"倍率"变量的值用公式重新计算出角色的大小和位置,并进行调整。

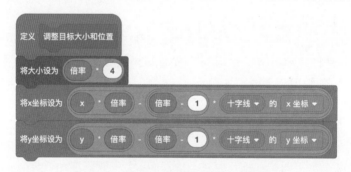

图 3-7-5 调整"骷髅"角色的大小和位置

该作品的其他代码限于篇幅未能列出和说明,请在该作品的模板文件中查看代码和阅读注释。

3.8 单人赛车

作品描述

该游戏作品是一款简单的单人赛车游戏,作品效果见图 3-8-1。玩家控制赛车在空旷无人的道路上行驶,可以左转或右转,可以加速前进或后退。赛车在行驶时,道路两旁的建筑物和植物不断地向后移动,看上去像是一条没有尽头的道路。

图 3-8-1　作品效果图

💡 创作思路

　　该游戏作品主要实现使用双屏滚动技术制作一条循环拼接的道路，使其呈现无限延长的效果。在进行游戏时，赛车不会移动，而是根据赛车的速度控制作为道路的图片在垂直方向上移动，从而产生赛车在行驶的视觉效果。

　　如图 3-8-2 所示，这是使用双屏滚动技术实现无限背景图的方法。黄色框表示舞台，红色框表示 A 屏，蓝色框表示 B 屏。A 屏和 B 屏总是拼接在一起，沿着垂直方向移动。假设背景图是由 3 个小图构成的，那么，在开始时，A 屏（显示第 1 个小图）完全在舞台中，B 屏（显示第 2 个小图）位于舞台之外；当 A 屏向下完全移出舞台时，B 屏刚好完全进入舞台；这时将 A 屏和 B 屏移回初始位置，并在 A 屏中显示第 2 个小图，在 B 屏中显示第 3 个小图，然后让 A 屏和 B 屏继续向下移动；当 A 屏向下完全移出舞台时，在 A 屏和 B 屏中分别显示第 3 个小图和第 1 个小图。如此反复进行，就可以实现屏幕滚动效果。

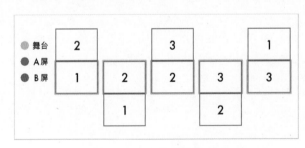

图 3-8-2　双屏滚动技术

📋 编程实现

　　先观看资源包中的作品演示视频 3-8.mp4，再打开模板文件 3-8.sb3 进行项目创作。

该游戏作品用到"地形"和"赛车"两个角色。"地形"角色用于呈现赛车行驶的道路,它有 3 个造型(见图 3-8-3),通过代码将 3 个道路地形图进行循环拼接,实现一条无限长的道路效果。"赛车"角色用于实现对"速度"变量和"里程"变量的控制,从而影响"地图"角色的移动,产生赛车行驶的效果。

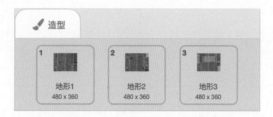

图 3-8-3 "地形"角色的 3 个造型

该游戏作品主要是对"地形"角色进行编程(代码见图 3-8-4),下面对核心代码进行说明。

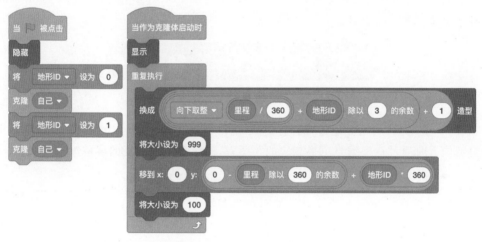

图 3-8-4 "地形"角色的代码

(1) 计算 A 屏和 B 屏的 y 坐标。

在编程时,为了简化代码的编写工作,选择使用一个角色的两个克隆体作为 A 屏和 B 屏。A 屏的垂直移动范围是:y 坐标从 0 到 -359;B 屏的垂直移动范围是:y 坐标从 360 到 1。A 屏和 B 屏是拼接在一起移动的,它们的距离始终是 360 个单位。A 屏和 B 屏在移动时,可以使用如图 3-8-5 所示的公式实时地计算出 y 坐标。

图 3-8-5 计算 A 屏和 B 屏 y 坐标的公式

在这个公式中,变量"里程"表示玩家汽车在当前关卡任务中的行驶里程,变量"地形ID"是 A 屏和 B 屏克隆体的私有变量,分别取值 0 和 1。通过这个公式可以计算出 A 屏和 B 屏的 y 坐标,从而精确地控制地形背景图的位置,如表 3-8-1 所示。

表 3-8-1　任务里程与 A、B 屏 y 坐标的转换

任务里程	A 屏 y 坐标	B 屏 y 坐标	A、B 屏距离
0	0	360	360
100	−100	260	360
359	−359	1	360
360	0	360	360
460	−100	260	360
719	−359	1	360
720	0	360	360

由于 A 屏的"地形 ID"变量的值为 0，则"地形 ID ＊ 360"的计算结果为 0；而 B 屏的"地形 ID"变量的值为 1，则"地形 ID ＊ 360"的计算结果为 360；因此，A 屏和 B 屏的 y 坐标之间的距离始终保持 360 个单位，从而让 A、B 屏能够拼接在一起移动。

（2）计算 A 屏和 B 屏的造型编号。

A 屏和 B 屏在移动时，还需要将其造型切换为对应的小图，可以使用如图 3-8-6 所示的公式计算出小图的造型编号。

图 3-8-6　计算 A 屏和 B 屏造型编号的公式

如表 3-8-2 所示，利用上述公式计算出 A 屏和 B 屏的造型编号，然后在 A 屏和 B 屏移动到特定位置时通过造型编号更换相应的小图，从而实现无限重复的屏幕滚动效果。

表 3-8-2　任务里程与 A、B 屏造型编号的转换

任务里程	A 屏的造型编号	B 屏的造型编号
0	1	2
360	2	3
720	3	1
1080	1	2
1440	2	3
1800	3	1

结合表 3-8-1 和表 3-8-2 中的数据进行思考，就能更好地理解图 3-8-2 所描述的双屏滚动技术。

该作品的其他代码限于篇幅未能列出和说明，请在该作品的模板文件中查看代码和阅读注释。

3.9　捕鱼达人

作品描述

该游戏作品是一款以深海狩猎为题材的休闲射击游戏，作品效果见图 3-9-1。在舞台中

游动着各种色彩鲜艳的鱼儿,一门大炮位于舞台正下方;玩家移动鼠标,大炮随之转动;瞄准鱼儿,轻点鼠标,就能发射炮弹;当炮弹命中鱼儿时,就会变成一张渔网,将鱼儿收入网中,并兑换成得分。

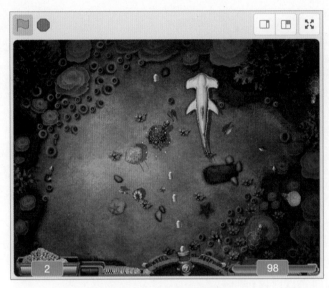

图 3-9-1　作品效果图

创作思路

该游戏作品主要是实现各种鱼儿随机的游动和用鼠标操控大炮射击目标的功能。

编程实现

先观看资源包中的作品演示视频 3-9. mp4,再打开模板文件 3-9.sb3 进行项目创作。

该游戏作品用到的 18 个角色见图 3-9-2。其中,12 个角色是小丑鱼、鲨鱼和海龟等海洋动物,它们是玩家要射击的目标;"大炮"角色用于让玩家选择炮弹的发射角度;"炮弹"角色用于射击各个目标;"渔网"角色用于在炮弹命中目标后显示;"金币"和"银币"角色用于呈现将捕获的猎物兑换成得分;"面板"角色起辅助作用。

图 3-9-2　角色列表

该游戏作品主要是对各种鱼的角色进行编程,这些角色的代码大同小异,这里选择"小丑鱼"角色为例进行说明。

(1)创建小丑鱼的克隆体和让鱼呈现游动效果(代码见图3-9-3)。

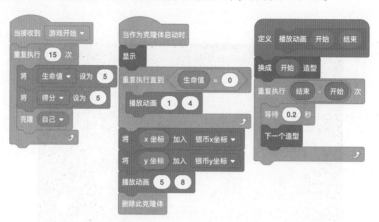

图 3-9-3 创建鱼的克隆体和播放鱼游动的动画

"小丑鱼"角色的私有变量为"生命值"和"得分",其值分别为 5 和 5。各种鱼的这些私有变量取值各不相同,也可自行调整。

游戏开始后,创建 15 个小丑鱼的克隆体,并调用"播放动画"过程呈现鱼游动的效果。当鱼的"生命值"变量为 0 时,则视为鱼被捕获。这时将 x 坐标和 y 坐标分别加入全局列表"银币 x 坐标"和"银币 y 坐标"中,由"银币"角色负责生成一枚银币飞向舞台底部的得分区。

在"播放动画"过程中,根据参数变量"开始"和"结束"指定造型列表中的一组造型,以 0.2 秒的时间间隔进行切换,从而呈现动画效果。

每种鱼的角色造型列表中的图片可以分成两组,一组用于呈现鱼活着时的游动效果,一组用于呈现鱼死时的扭动效果。以小丑鱼为例,编号 1~4 的一组造型呈现游动效果,编号 5~8 的一组造型呈现扭动效果。

(2)编写控制鱼运动的代码(见图3-9-4)。

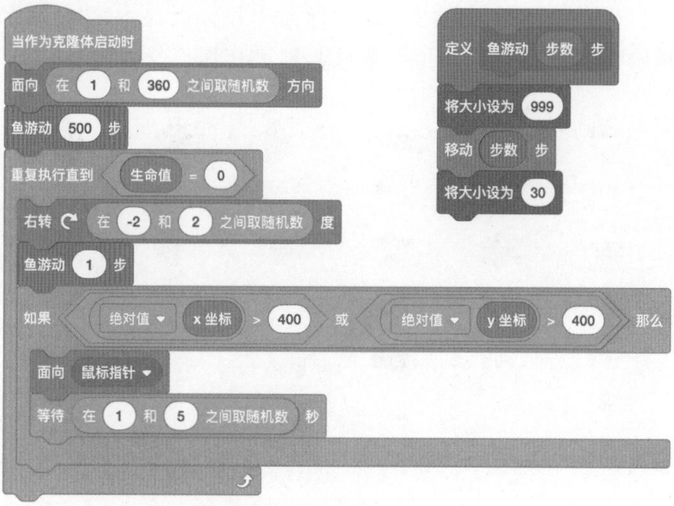

图 3-9-4 控制鱼运动的代码

当鱼的克隆体被创建后,让鱼面向任意方向游动 500 步,到达舞台可见区域之外。然后,用一个条件型循环结构控制鱼的自由游动。每游动 1 步就随机地向左或向右旋转,旋转度数在 -2 和 2 之间取随机数。当鱼的 x 坐标或 y 坐标距离坐标原点超过 400 时,就让鱼面向鼠标指针移动,使其重新游回舞台可见区域。

默认情况下,角色不能完全移到舞台可见区域之外。但是,使用"鱼游动……步"过程中的方法就可以将角色移到舞台可见区域之外。

(3) 编写检测鱼被捕获的代码(见图 3-9-5)。

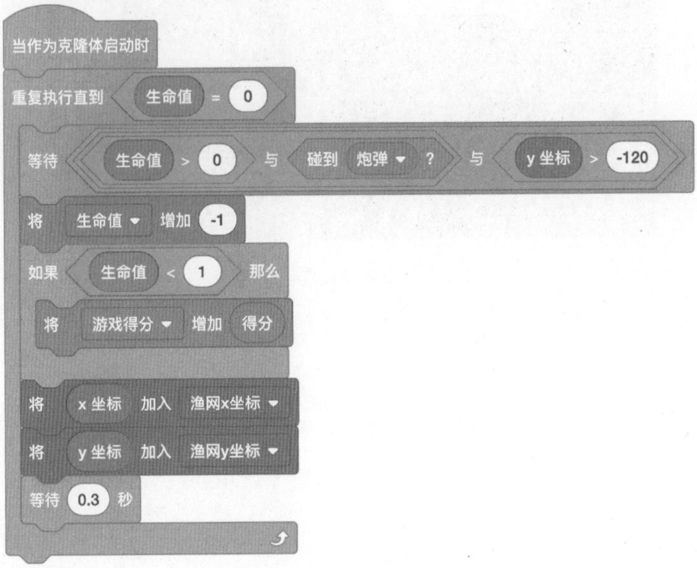

图 3-9-5　检测鱼被捕获的代码

当鱼的克隆体碰到炮弹并且 y 坐标大于 -120 时,就将生命值减 1;如果生命值小于 1,则将私有变量"得分"中的值累加到全局变量"游戏得分"中。另外,当鱼被炮弹击中,则将鱼的 x 坐标和 y 坐标分别加入全局列表"渔网 x 坐标"和"渔网 y 坐标"中,由"渔网"角色负责在该坐标处生在一张渔网,呈现捕捉鱼的效果。

该作品的其他代码限于篇幅未能列出和说明,请在该作品的模板文件中查看代码和阅读注释。

3.10　停车训练

？　作品描述

该游戏作品是以停车训练为主题的休闲小游戏,作品效果见图 3-10-1。舞台上展示的是一个小区停车场的场景,玩家开着一辆红色的小汽车进入小区停车场,可以使用键盘方向键控制汽车移动。左、右方向键可以控制汽车向左转或向右转,上、下方向键可以控制汽车前进或后退。玩家需要小心地避开其他车辆或障碍,将红色的小汽车驶入由白色方框和箭头标示的停车位。

图 3-10-1　作品效果图

💡 创作思路

该游戏作品主要是实现一辆具有前进、后退、转弯、刹车、限速等功能的汽车，让玩家可以通过键盘方向键操控汽车前进，并避开建筑物、障碍和其他车辆，最后正确驶入规定的停车位。

📋 编程实现

先观看资源包中的作品演示视频 3-10.mp4，再打开模板文件 3-10.sb3 进行项目创作。

该游戏作品用到的角色见图 3-10-2。其中，"玩家汽车"角色由玩家用键盘方向键进行操控；"小黑车""小紫车""小绿车""障碍"和"建筑物"角色用于给玩家停车造成困难，不需要交互；"停车位"角色用于标示停车位置和方向，指引玩家正确停车。

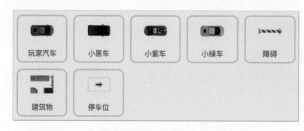

图 3-10-2　角色列表

该游戏作品主要是对"玩家汽车"角色进行编程，下面对核心功能进行说明。

（1）编写主程序的代码（见图 3-10-3）。

在主程序中，设定玩家汽车的初始位置，然后广播"启动汽车"的消息以使汽车进入行驶状态，最后调用"等待停车成功"过程以等待玩家汽车正确驶入停车位。

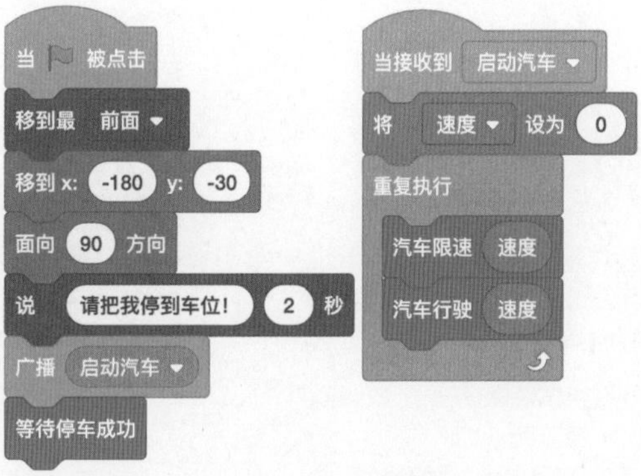

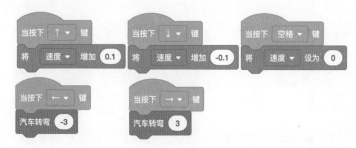

图 3-10-3 主程序的代码

在"当接收到'启动汽车'"积木下,通过"速度"变量作为参数分别调用"汽车限速"过程和"汽车行驶"过程控制玩家汽车的运动。

(2) 编写操控汽车的代码(见图 3-10-4)。

图 3-10-4 用 4 个方向键操控汽车

玩家在操控汽车运动时,可以使用键盘方向键和空格键。各个按键的具体分配为:"↑"控制汽车前进,"↓"控制汽车后退,"←"控制汽车向左转弯,"→"控制汽车向右转弯,空格键控制汽车刹车。汽车在转弯时,每次向左或向旋转 3 度;汽车在前进或后退时,每次增加或减少 0.1 个单位;汽车的前进或后退速度被限制为最大 3 个单位;当按下空格键时,将速度设为 0,让汽车立即停止。这样玩家就可以用键盘灵活地操控汽车,让汽车在舞台上自由行驶。

(3) 编写"汽车行驶"过程和"汽车转弯"过程的代码(见图 3-10-5)。

在"汽车行驶"过程中,"玩家汽车"角色每移动 1 步,就调用"汽车碰撞检测"过程判断是否碰到建筑物或其他车辆等目标。如果碰到,则将"速度"变量设为 0,使汽车停止行驶,并让汽车后退 1 步。

在"汽车转弯"过程中,"玩家汽车"角色每右转 1 度,就调用"汽车碰撞检测"过程判断是否碰到建筑物或其他车辆等目标。如果碰到则将"速度"变量设为 0,使汽车停止行驶,并让汽车反向旋转 1 度。

(4) 编写"汽车碰撞检测"过程和"汽车限速"过程的代码(图 3-10-6)。

在"汽车碰撞检测"过程中,通过遍历"目标"列表中存放的各个阻碍汽车前进的角色名

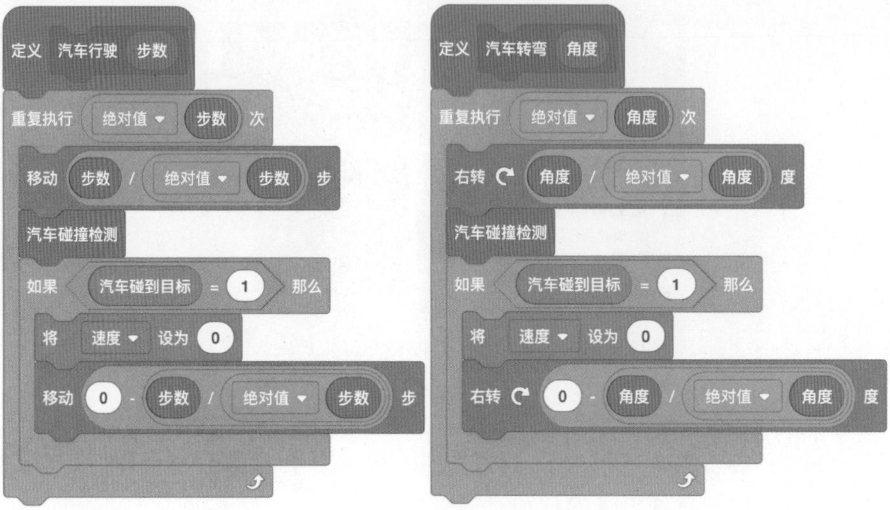

图 3-10-5 "汽车行驶"和"汽车转弯"过程的代码

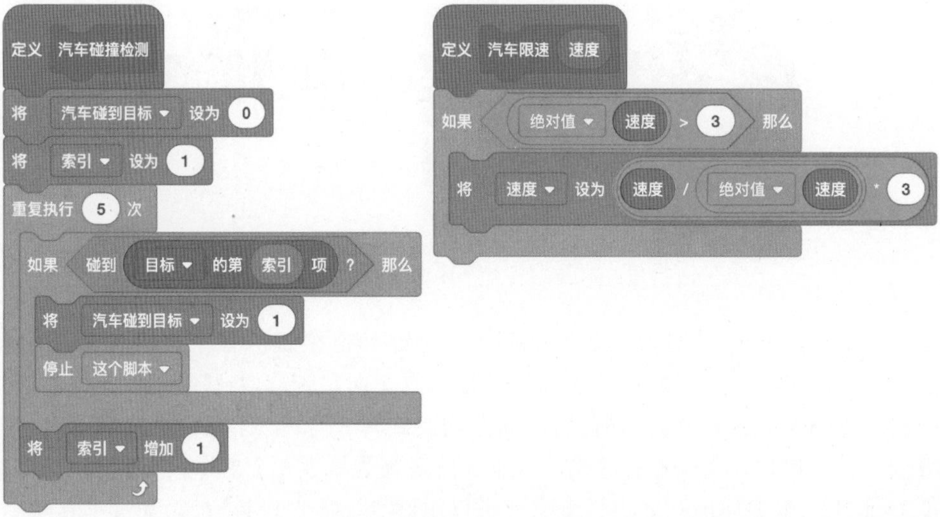

图 3-10-6 "汽车碰撞检测"和"汽车限速"过程的代码

称(小黑车、小紫车、小绿车、障碍和建筑物)进行碰撞检测,如果碰到阻碍目标,则将"汽车碰到目标"变量设为1。

在"汽车限速"过程中,将"玩家汽车"角色前进或后退的速度限制为最大3个单位。

(5)编写判断玩家停车成功的代码(见图3-10-7)。

如果"玩家汽车"角色到"停车位"角色的距离小于6个单位,并且方向在145到155度之间,则判断停车成功并给出提示,之后结束整个程序的运行。

该作品的其他代码限于篇幅未能列出和说明,请在该作品的模板文件中查看代码和阅读注释。

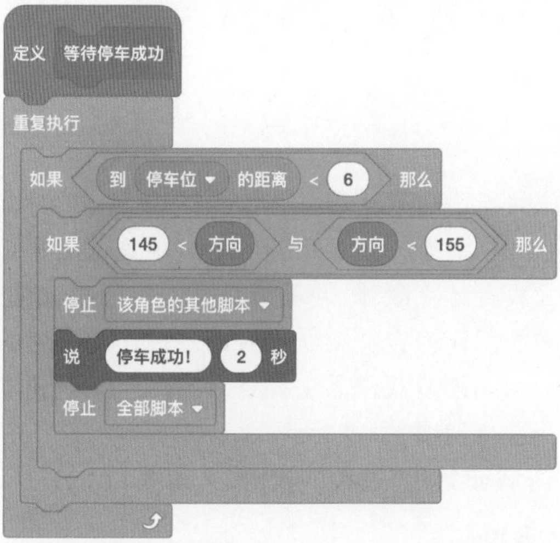

图 3-10-7　判断玩家停车成功的代码

3.11　青蛙跳

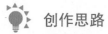 作品描述

该游戏作品是一款叫作"青蛙跳"的益智类小游戏,作品效果见图 3-11-1。游戏规则:①单击青蛙使其向前跳,不能向后跳;②最多只能跳过一只青蛙;③两边的青蛙交换位置即胜利。游戏共有 4 关,第 1 关有 2 只青蛙,每过一关,青蛙数量翻倍。

图 3-11-1　作品效果图

创作思路

该游戏作品主要实现按照"青蛙跳"的游戏规则进行编程。使用列表存放各青蛙的朝向和空位状态,当单击青蛙跳到新的空位后,及时更新列表数据,最后根据列表数据判断两边青蛙是否成功交换位置。

编程实现

先观看资源包中的作品演示视频 3-11.mp4,再打开模板文件 3-11.sb3 进行项目创作。

图 3-11-2 角色列表

该游戏作品用到的 2 个角色见图 3-11-2。"青蛙"角色用于生成青蛙克隆体,并等待玩家的鼠标单击向前跳。"荷叶"角色用于绘制作为青蛙跳跃平台的一排连续排列的荷叶。

该游戏作品主要是对"青蛙"角色进行编程,下面对核心功能进行说明。

(1)编写主程序和"游戏初始化"过程的代码(见图 3-11-3)。

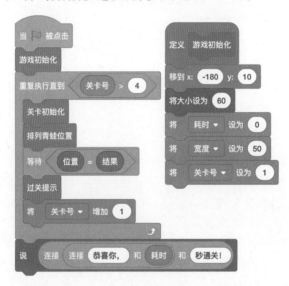

图 3-11-3 主程序和"游戏初始化"过程的代码

在主程序中,先调用"游戏初始化"过程对全局变量"耗时""宽度""关卡号"设定初始值。然后,通过"关卡号"变量控制游戏的 4 个关卡依次进行。

每一关游戏进行时,先调用"关卡初始化"过程和"排列青蛙"过程显示出青蛙、荷叶等游戏界面的元素,然后一直等待玩家过关(即"位置"和"结果"这两个列表相等),之后调用"过关提示"过程显示玩家过关耗费的时间。

(2)编写"关卡初始化"和"过关提示"过程的代码(见图 3-11-4)。

在"关卡初始化"过程中,为每一关游戏设定"青蛙数量"变量的值。第一关有 2 只青蛙,每过一关,数量翻倍。计算出青蛙排列的左边起点位置,存放在"左起点"变量中。广播"画荷叶"消息通知"荷叶"角色绘制一排连续的荷叶作为青蛙跳跃的平台。另外,还要清空列表数据和将计时器归零。

在"过关提示"过程中,先显示玩家过关消耗的时间,再广播"删除克隆体"消息,删除所有的青蛙克隆体,以便进入下一关游戏。

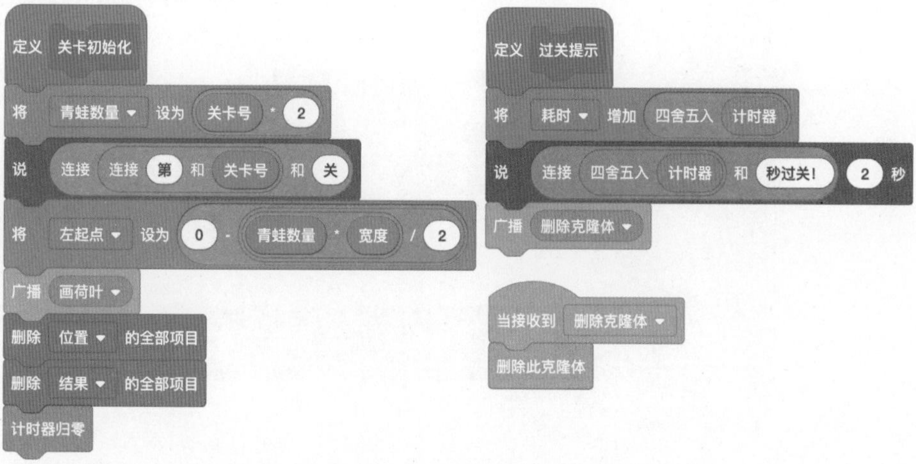

图 3-11-4　"关卡初始化"和"过关提示"过程的代码

（3）编写"排列青蛙位置"过程的代码（见图 3-11-5 和图 3-11-6）。

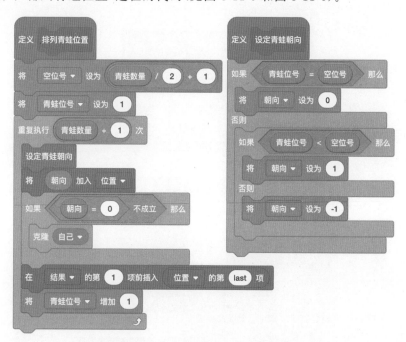

图 3-11-5　"排列青蛙位置"过程的代码

　　"位置"列表用于存放各个青蛙的朝向和空位，1 表示左边的青蛙（面向右边），−1 表示右边的青蛙（面向左边），0 表示空位。"结果"列表的元素与"位置"列表的元素顺序相反，存放的是两边青蛙成功交换位置之后的朝向和空位，用于判断是否过关。

　　在"排列青蛙位置"过程中，调用"设定青蛙朝向过程"取得各个青蛙的朝向，根据"青蛙数量"变量生成相应数量的青蛙克隆体。

　　青蛙克隆体被创建后，根据私有变量"青蛙位号"计算和排列各个青蛙的位置，并设置其朝向、造型、颜色和大小等。

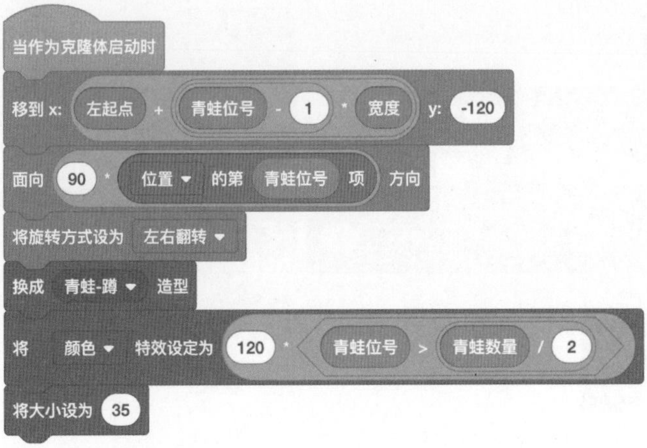

图 3-11-6　设置青蛙位置和外观的代码

（4）编写青蛙跳跃的代码（见图 3-11-7）。

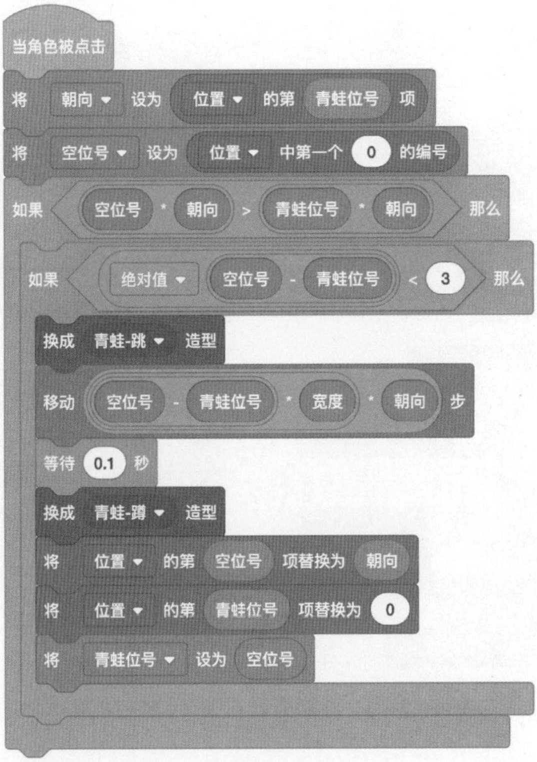

图 3-11-7　青蛙跳跃的代码

当青蛙克隆体被单击后，根据青蛙的朝向使其向前跳跃到一个空位上，并且最多只能跳过一个有青蛙的位置。青蛙跳跃之后，更新"位置"列表中的数据。

该作品的其他代码限于篇幅未能列出和说明，请在该作品的模板文件中查看代码和阅读注释。

3.12　生命游戏

作品描述

　　该游戏作品是一款叫作"生命游戏"的零玩家游戏,作品效果见图 3-12-1。生命游戏是英国数学家约翰·何顿·康威在 1970 年发明的一种细胞自动机。生命游戏设定在一个二维网格世界中,每个网格单元中居住着一个活着的或死了的细胞,每个细胞的生死状态由它周围的八个邻居细胞所决定。生命游戏遵循四个基本规则:①任何活细胞的活邻居少于 2 个,则死掉;②任何活细胞的活邻居为 2 个或 3 个,则继续活;③任何活细胞的活邻居大于 3 个,则死掉;④任何死细胞的活邻居正好是 3 个,则活过来。游戏按照这些简单的规则进行演化,细胞的状态不断地发生变化,从而出现各种有趣的图案和结构。

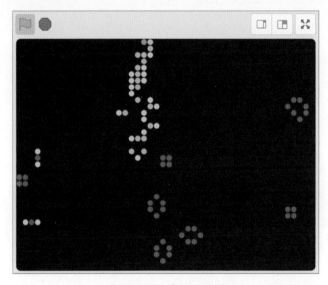

图 3-12-1　作品效果图

创作思路

　　该游戏作品主要实现按照"生命游戏"的基本规则进行编程。将舞台区域划分为由若干行列构成的平面网格,每个单元格对应到二维列表的一个元素,每个元素的值表示细胞的生命状态。对列表中的元素不断进行迭代,并将迭代结果不断地反映到舞台上对应的单元格中,从而观察到细胞的演化过程。

编程实现

　　先观看资源包中的作品演示视频 3-12.mp4,再打开模板文件 3-12.sb3 进行项目创作。
　　该游戏作品不需要角色造型,完全使用画笔积木绘制,下面对核心功能进行说明。
　　(1) 编写主程序和"创建细胞群"过程的代码(见图 3-12-2)。
　　在主程序中,调用"创建细胞群"过程向"细胞群"列表中添加 36×48 共 1728 个元素,每个元素的值为随机从 0 或 1 中选取一个。0 表示死的细胞,1 表示活的细胞,并且随着细胞

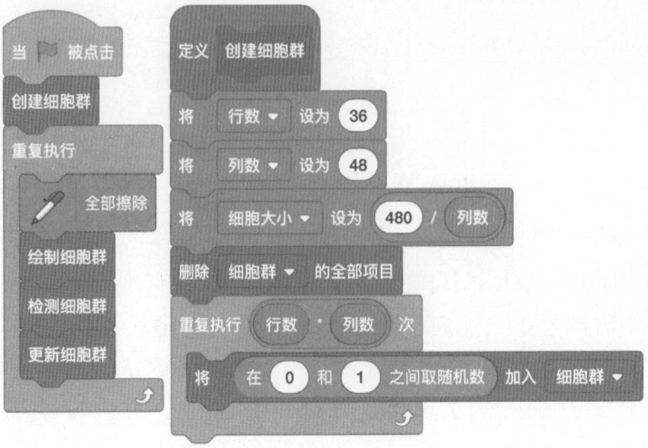

图 3-12-2　主程序和"创建细胞群"过程的代码

生命的延续，值可以不断变大。然后，在一个循环结构中，依次调用"绘制细胞群""检测细胞群"和"更新细胞群"这 3 个过程，按照生命游戏的规则对"细胞群"列表中的数据进行迭代，舞台上将实时反映迭代结果，可以看到用彩色圆点表示的细胞按一定规律在不断变化。

（2）编写"绘制细胞群"过程和"设定细胞颜色"过程的代码（见图 3-12-3）。

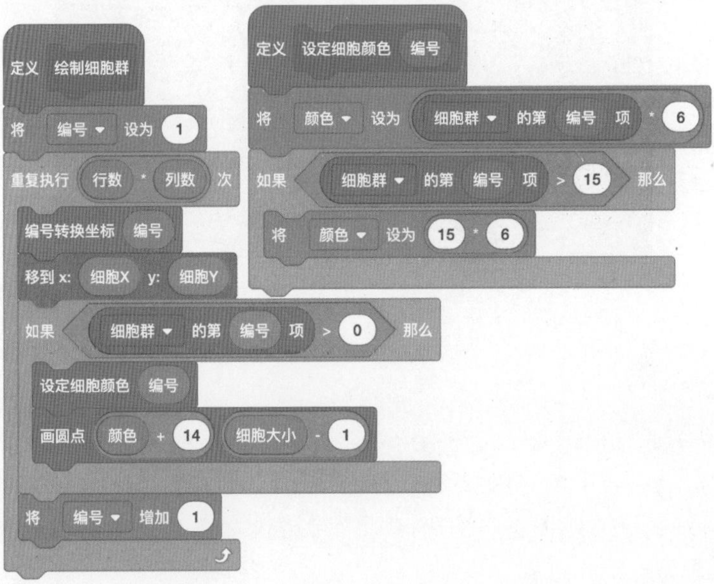

图 3-12-3　"绘制细胞群"过程的代码

舞台区域被划分为 36×48 共 1728 个单元格，每个单元格对应"细胞群"列表中的一个元素。因此，可以按一定关系将列表元素的编号（索引）转换成单元格中心的坐标，并在该坐标处绘制一个彩色圆点表示细胞。

在"绘制细胞群"过程中，遍历"细胞群"列表中的各个元素，将元素值大于 0 的活细胞绘制彩色圆点来表示，死细胞则不绘制。在绘制前，先调用"设定细胞颜色"过程根据细胞的生命值计算出各代细胞的颜色,最多区分15代。

(3)编写"检测细胞群"过程和"更新细胞群"过程的代码(见图3-12-4)。

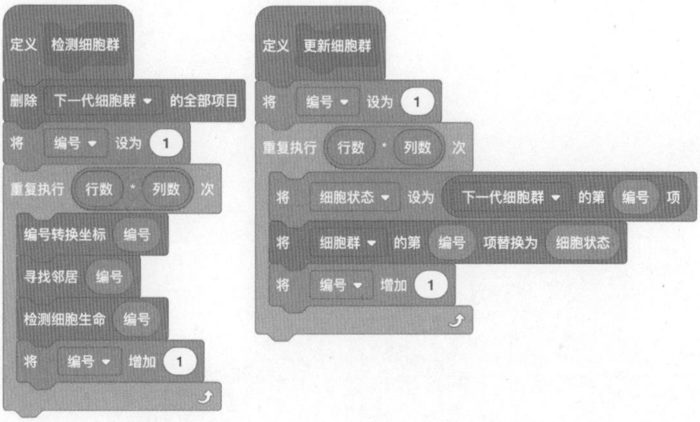

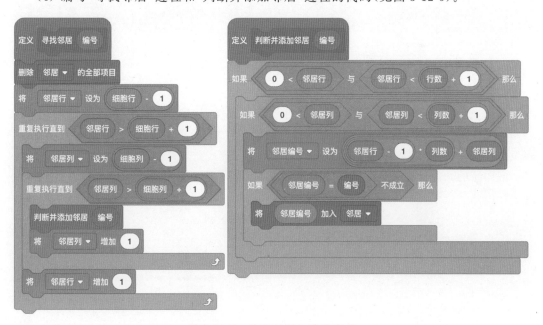

图 3-12-4　检测和更新细胞群的代码

在"检测细胞群"过程中,先调用"寻找邻居"过程找出每个细胞周围的8个邻居细胞,将这些邻居的编号存放在"邻居"列表中;然后调用"检测细胞生命"过程,判定当前细胞在下一代是继续存活还是死亡,检测结果存放在"下一代细胞群"列表中。

在"更新细胞群"过程 ,将"细胞群"列表的数据全部替换为"下一代细胞群"列表的数据,由此细胞群演化到了新的一代。

(4)编写"寻找邻居"过程和"判断并添加邻居"过程的代码(见图3-12-5)。

图 3-12-5　寻找邻居细胞的代码

在"寻找邻居"过程 ,调用"判断并添加邻居"过程对某个细胞单元格周围的8个单元格进行检测,找出有效的单元格(邻居),将邻居编号加入"邻居"列表中。在舞台边缘或四个角的单元格,其周围单元格的数量不足 8 个;在舞台中间区域的单元格,其周围有 8 个单元格。

(5)编写"检测细胞生命"过程和"统计邻居存活数"的过程的代码(见图 3-12-6 和图 3-12-7)。

图 3-12-6　检测细胞生命的代码　　　　图 3-12-7　统计邻居存活数的代码

在"检测细胞生命"过程中,先调用"统计邻居存活数"过程,对当前细胞的邻居存活数量进行统计,然后根据邻居存活数量,按照生命游戏的规则,决定当前细胞在下一代的生死状态。对于持续存活的细胞,将其生命值加 1。最后,将细胞的新状态加入到"下一代细胞群"列表中。

该作品的其他代码限于篇幅未能列出和说明,请在该作品的模板文件中查看代码和阅读注释。

第4章 历史文化

4.1 数字博物馆

作品描述

该作品用于展示一组从史前到明清的文物珍品,作品效果见图 4-1-1。该作品实现一个简单的数字博物馆,带你领略历史文化的独特韵味,感受历史的厚重。项目运行后,进入数字博物馆主页,一个旋转的圆环出现在舞台上,圆环中间随机地显示一些文物图片。单击舞台右下角的按钮,就能进入数字博物馆的展厅。单击舞台顶部的时间按钮可以切换到对应历史时期浏览珍贵文物图片,单击当前图片可以切换到下一张图片,用鼠标滚轮可以放大或缩小文物图片。

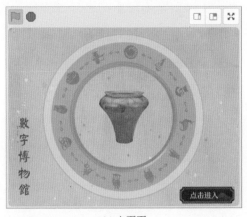
(a) 主页面

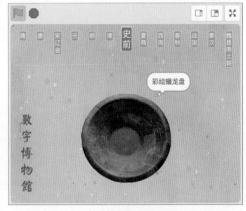
(b) 文物展示页面

图 4-1-1 作品效果图

创作思路

该作品主要实现利用时间按钮切换并浏览各个历史时期的文物图片。在舞台顶部放置一组从史前到明清各历史时期名称的时间按钮,当前被选中的时间按钮被放置在中间位置,在舞台中可以浏览所选择的历史时期对应的一组文物图片。将所有文物的图片放到"文物"角色的造型列表中,并在参数列表中存放各历史时期文物的起止位置(造型编号)。根据所选时间把起止位置范围内的一组文物图片展示在舞台上。

编程实现

先观看资源包中的作品演示视频 4-1. mp4，再打开模板文件 4-1. sb3 进行项目创作。

该作品用到的角色见图 4-1-2。其中，"圆环"角色和"文物"角色的预览图构成主页面；"时间条"角色用于显示一组从史前到明清的时间按钮，用以切换不同历史时期进行文物展示；单击"进入按钮"角色将切换到文物展示页面；"文物"角色的造型列表用于存放全部的文物图片；其他角色起辅助作用。

图 4-1-2　角色列表

（1）编写主页面的代码。

如图 4-1-3 所示，在"圆环"角色的代码中，广播"显示预览图片"消息以通知"文物"角色随机地显示不同文物的预览图，然后"圆环"角色以顺时针方向慢慢地旋转。

如图 4-1-4 所示，"文物"角色在接收到"显示预览图片"消息后，将角色大小设为 30，并调用"特效显示"过程从文物造型列表中随机选择造型并以虚像特效显示文物图片。

图 4-1-3　"圆环"角色的代码　　　　图 4-1-4　"文物"角色显示预览图的代码

（2）编写浏览文物图片的代码。

如图 4-1-5 所示，"文物"角色在接收到"显示文物图片"消息后，将"文物编号"变量的值设为"开始编号"变量值，并调用"特效显示"过程以虚像特效展示文物图片，同时显示文物的名称。

当"文物"角色被单击后，通过增加"文物编号"变量的值实现展示当前历史时期的下一件文物。如果"文物编号"变量的值超过"结束编号"变量的值，则将"文物编号"变量的值设为"开始编号"，从而实现循环浏览的目的。

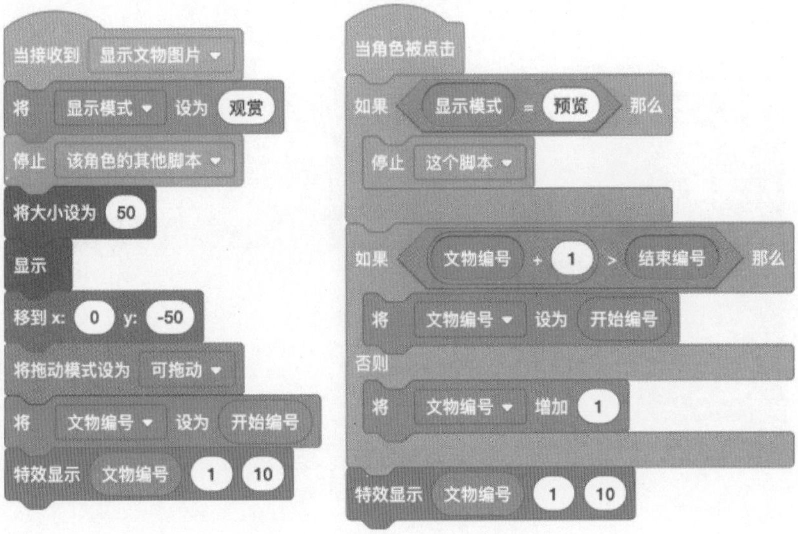

图 4-1-5 浏览文物图片的代码

（3）编写显示时间条的代码。

如图 4-1-6 所示，"时间条"角色在接收到"显示时间线"消息后，将调用"生成时间表"过程创建"时间条"角色的克隆体，以按钮形式水平排列在舞台顶部，用于切换到各个历史时期下浏览文物。然后，将历史时期设为"史前"（即将"选中 ID"变量的值设为 7），同时设置"开始编号"和"结束编号"变量的值为该历史时期下展示文物的起止编号。之后，广播"显示文物图片"消息以浏览该历史时期下的文物图片。

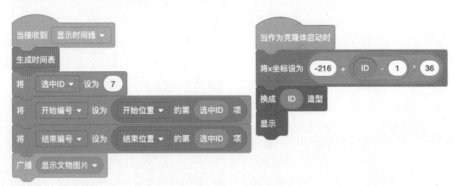

图 4-1-6 生成时间条的代码

如图 4-1-7 所示，当"时间条"角色的克隆体（时间按钮）被单击后，将切换到该历史时期下浏览文物。然后，广播"横向移动"消息以通知各个时间按钮横向循环移动。当前被单击的时间按钮被移动到舞台顶部的中间位置，其他时间按钮也跟随移动。如果一个时间按钮移动时超出舞台的一端，就将其移动到另一端继续移动，以此方式实现循环移动。

该作品的其他代码限于篇幅未能列出和说明，请在该作品的模板文件中查看代码和阅读注释。

图 4-1-7　横向移动时间条的代码

4.2　传世名画欣赏

作品描述

该作品用于展示中国古代传世名画,作品效果见图 4-2-1。项目运行后,进入作品主页,可以看到千里江山图、清明上河图等 5 幅传世名画的缩略图在慢慢转动,单击其中一个缩略图就会进入大图浏览模式。慢慢地移动鼠标指针,可以让图片向相反方向移动,从而可以浏览画作的全部内容。舞台顶部是画作的全景缩略图,用于浏览时辅助定位。

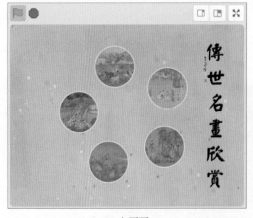
(a) 主页面

(b) 大图浏览页面

图 4-2-1　作品效果图

创作思路

该作品主要实现利用大图浏览技术展示传世名画的功能。将 5 幅名画的大尺寸矢量图片导入到"大图"角色的造型列表中,同时将各幅画的宽度、高度、放大倍率等参数存放在列表中。当鼠标指针移动时,根据列表中的参数计算出"大图"角色的新坐标并移动到新坐标,

从而实现对超大尺寸图片的浏览功能。另外,制作小尺寸的名画缩略图放在舞台顶部用于
浏览时辅助定位。

编程实现

先观看资源包中的作品演示视频 4-2.mp4,再打开模板文件 4-2.sb3 进行项目创作。

图 4-2-2 角色列表

该作品用到的角色见图 4-2-2。其中,"缩略图"角色用于在主页面显示 5 幅名画的缩略图,单击缩略图即可进入大图的浏览页面;"大图"角色用于呈现超大尺寸的名画图片,可通过鼠标指针的移动而浏览名画的全部内容;其他角色起辅助作用。

(1)编写主页面的代码(见图 4-2-3)。

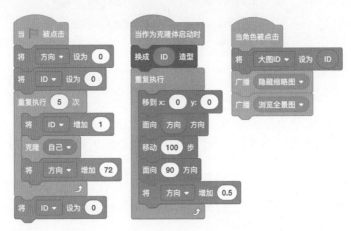

图 4-2-3 "缩略图"角色的代码

在"缩略图"角色的主程序中,创建 5 个显示名画缩略图的克隆体,让其呈圆形均匀分布,并围绕舞台中心慢慢地旋转。当某个缩略图克隆体被单击后,就广播"浏览全景图"以通知"大图"角色显示所选名画的大尺寸图片。

(2)编写显示大图和缩略图的代码(见图 4-2-4)。

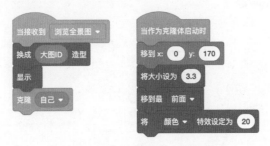

图 4-2-4 显示大图和缩略图代码

"大图"角色在接收到"浏览全景图"消息后,根据"大图 ID"变量的值切换"大图"角色的造型为对应的名画,同时调用克隆积木创建一个大图的克隆体,并将其大小设为 3.3,使其位于舞台顶部作为缩略图,用于浏览时辅助定位。

（3）编写大图浏览的代码（见图 4-2-5）。

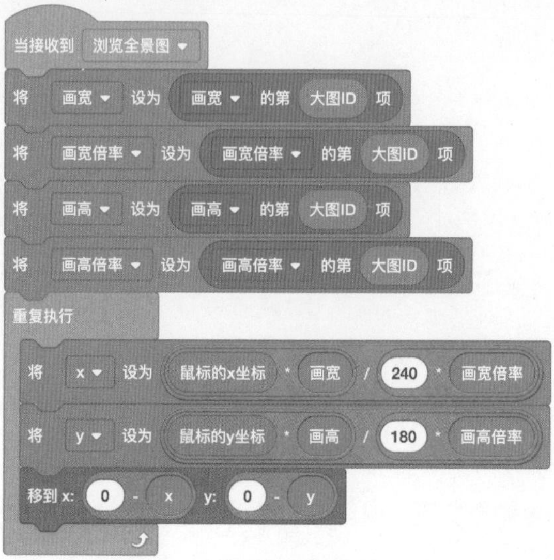

```
当接收到 浏览全景图 ▼

将 画宽 ▼ 设为 画宽 ▼ 的第 大图ID 项

将 画宽倍率 ▼ 设为 画宽倍率 ▼ 的第 大图ID 项

将 画高 ▼ 设为 画高 ▼ 的第 大图ID 项

将 画高倍率 ▼ 设为 画高倍率 ▼ 的第 大图ID 项

重复执行
    将 x ▼ 设为 鼠标的x坐标 * 画宽 / 240 * 画宽倍率
    将 y ▼ 设为 鼠标的y坐标 * 画高 / 180 * 画高倍率
    移到 x: 0 - x y: 0 - y
```

图 4-2-5　大图浏览的代码

"大图"角色在接收到"浏览全景图"消息后，根据"大图 ID"变量的值从参数列表中取出画宽、画宽倍率、画高、画高倍率等参数，并计算出"大图"角色跟随鼠标指针移动的坐标，从而实现大图的浏览功能。

该作品的其他代码限于篇幅未能列出和说明，请在该作品的模板文件中查看代码和阅读注释。

4.3　古代风俗百图

？ 作品描述

该作品用 100 幅配有诗词的图画展示中国古代风俗，作品效果见图 4-3-1。透过这些图

图 4-3-1　作品效果图

画,可以窥见中华先民的生活状态,了解民族文化。该作品将 100 张图片以螺旋形堆叠,单击当前图片可以切换到下一张图片,或者按下空格键切换到幻灯片模式进行自动播放。将鼠标指针移到舞台右下角将显示两个按钮,单击可以显示诗词或者播放古典音乐。

💡 创作思路

该作品主要实现图片堆叠展示、幻灯片播放、显示诗词和播放古典音乐等功能。①图片堆叠展示功能:将 100 张图片以螺旋形堆叠在一起,单击最前面的图片可以切换到下一张图片;②幻灯片播放功能:按下空格键将自动播放全部的图片;③显示诗词功能:单击舞台右下角的诗词按钮,可以显示或隐藏当前图片所配的诗词;④播放音乐功能:单击舞台右下角的音乐按钮,可以打开或关闭古典音乐。

📋 编程实现

先观看资源包中的作品演示视频 4-3.mp4,再打开模板文件 4-3.sb3 进行项目创作。

该作品用到的角色见图 4-3-2。其中,"图片"角色用于展示 100 幅风俗图;"诗词按钮"角色和"诗词显示"角色用于显示与风俗图相配的诗词;"音乐按钮"角色用于播放古典音乐;其他角色起辅助作用。

图 4-3-2 角色列表

(1) 编写螺旋堆叠图片的代码。

如图 4-3-3 所示,在"图片"角色的主程序中,调用"创建图片列表"过程创建 100 个"图片"角色的克隆体。

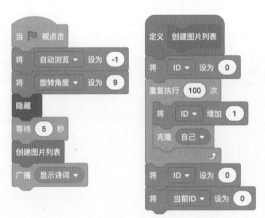

图 4-3-3 创建"图片"角色的克隆体

如图 4-3-4 所示,当图片克隆体被创建后,根据私有变量 ID 的值计算各个克隆体的旋转方向,使图片呈螺旋形堆叠。

（2）编写单击浏览图片的代码。

如图 4-3-5 所示，当图片克隆体被单击后，通过将"当前 ID"变量的值设为被单击的图片克隆体的 ID 值，实现切换到下一张图片。同时，广播"旋转"消息以通知各个图片克隆体都向右旋转一个角度。

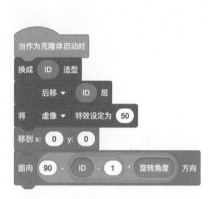

图 4-3-4　设置图片克隆体方向

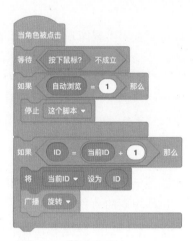

图 4-3-5　单击切换下一张图片

如图 4-3-6 所示，所有图片克隆体在接收到"旋转"消息后，根据"旋转角度"变量的值向右旋转指定的角度。当前展示的图片克隆体旋转后正好处于端正放置的状态。

如图 4-3-7 所示，当图片克隆体被单击后，"当前 ID"变量的值被设为图片克隆体的 ID 值，从而使被单击的图片向左侧平滑地移出舞台。

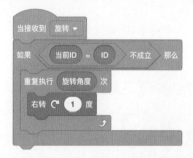

图 4-3-6　图片旋转正位

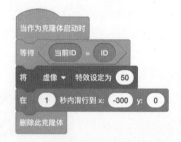

图 4-3-7　图片平滑移出舞台

（3）编写幻灯片播放功能的代码。

如图 4-3-8 所示，当按下空格键后，由"图片"角色（ID 为 0）负责调用"自动播放"过程，采用幻灯片形式自动播放图片。

如图 4-3-9 所示，在"自动播放"过程中，以 5 秒的时间间隔自动播放 100 张风俗图。在采用幻灯片形式播放图片的过程中，如果按下空格键，则可以停止播放。在自定义的"等待……秒"过程中，采用计时器积木实现等待积木的功能，从而可以中途退出等待。

该作品的其他代码限于篇幅未能列出和说明，请在该作品的模板文件中查看代码和阅读注释。

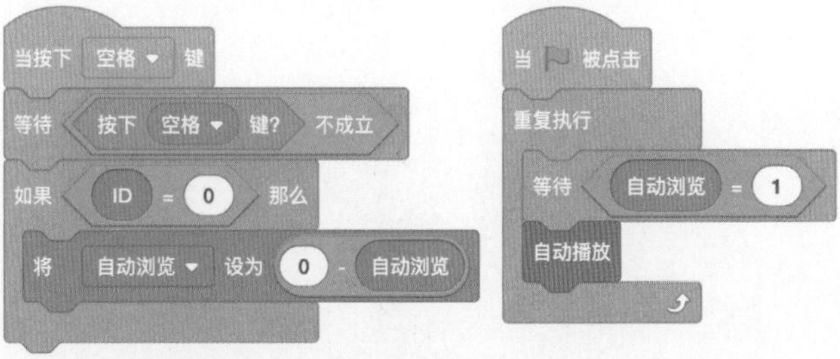

图 4-3-8　按空格启用幻灯片播放

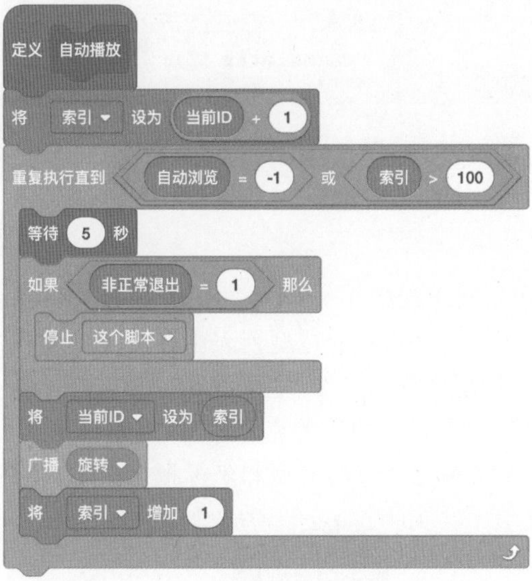

图 4-3-9　"自动播放"过程的代码

4.4　古代女装变迁史

？ 作品描述

该作品用于展示中国古代女装变迁的历史,作品效果见图 4-4-1。中国历朝历代的衣着服饰均各具特色,女性服饰更以其独特的魅力在各个朝代大放光彩。该作品可以用幻灯片形式按时间顺序展示各个朝代的女性服饰,或者拖动舞台底部的滑杆快速浏览,或者单击缩略图切换到某个朝代的服饰。如果将鼠标指针在缩略图上停留,还能显示描述服饰特点的文字。

创作思路

该作品主要实现自由浏览和幻灯片功能。①自由浏览功能:在舞台两侧各显示两列缩略图,单击缩略图可以在舞台中间显示大图,鼠标指针在缩略图上停留可以显示服饰特点的描述;②幻灯片功能:按下空格键将采用幻灯片形式按时间顺序在舞台中间展示各历史时期的服饰图片。

图 4-4-1　作品效果图

编程实现

先观看资源包中的作品演示视频 4-4. mp4,再打开模板文件 4-4. sb3 进行项目创作。
该作品只使用一个"女装"角色,它的造型列表中存放了各朝代的女装图片。

(1) 编写自由浏览功能的代码。

如图 4-4-2 所示,创建 20 个女装图片的克隆体,以缩略图形式排列在舞台两侧,左右各
放置 10 个缩略图。各个缩略图克隆体的造型和坐标根据其 ID 值进行确定。

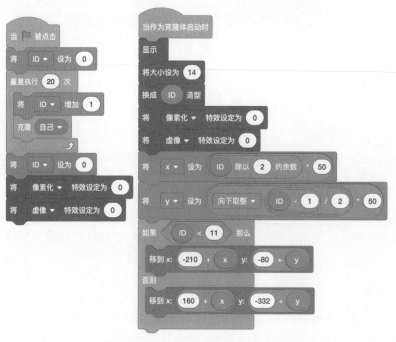

图 4-4-2　创建女装缩略图列表

如图 4-4-3 所示,当单击缩略图克隆体后,将"中国古代历朝女装变迁史"变量的值设为当前缩略图克隆体的 ID 值,从而在舞台中间以大图显示。将该变量调整为滑杆模式,从而可以拖动滑杆达到快速浏览女装图片的目的。

如图 4-4-4 所示,当鼠标指针在缩略图克隆体上停留时,将突出显示缩略图并显示描述该女装特点的文字;当鼠标指针移出缩略图后,就恢复原样。

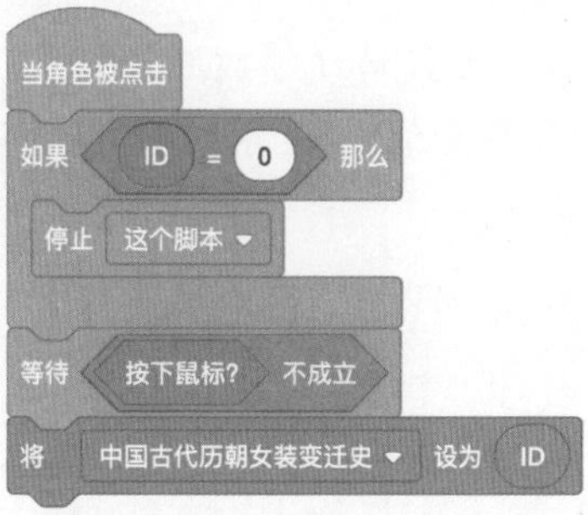

图 4-4-3　单击缩略图浏览大图　　　　　图 4-4-4　突出缩略图和显示描述

如图 4-4-5 所示,采用一个循环结构检测"中国古代历朝女装变迁史"变量的值,如果与"前值"变量比较发生了变化,就调用"特效切换"过程在舞台中间区域显示新的女装图片。

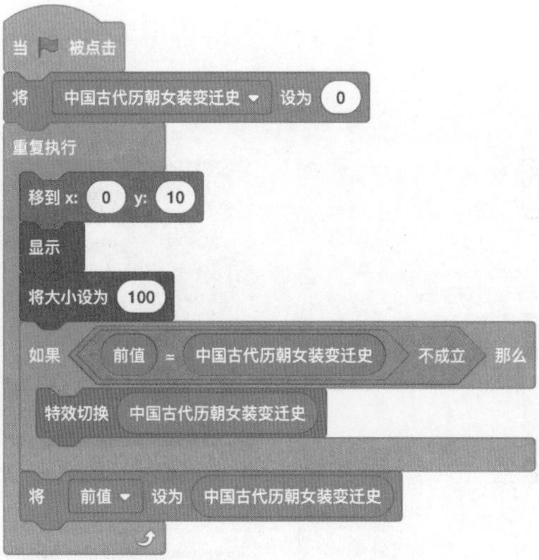

图 4-4-5　显示女装图片

（2）编写幻灯片播放功能的代码（见图4-4-6）。

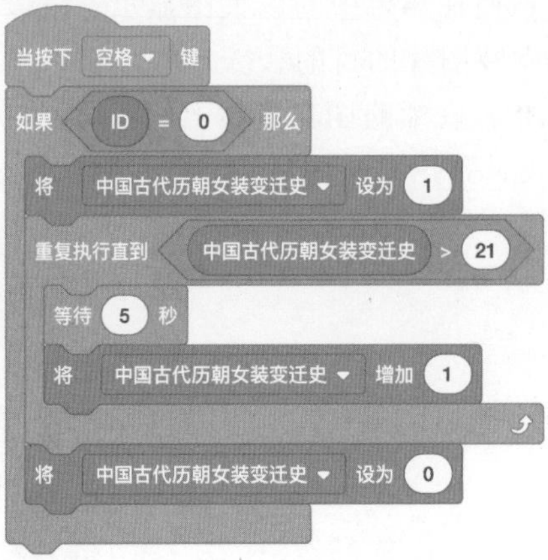

图 4-4-6　自动播放图片

　　按下空格键后，由"女装"角色（ID 为 0）负责以幻灯片形式自动播放图片。在一个条件型循环结构中，以 5 秒的时间间隔增加"中国古代历朝女装变迁史"变量的值，从而实现自动播放女装图片的功能。

　　该作品的其他代码限于篇幅未能列出和说明，请在该作品的模板文件中查看代码和阅读注释。

4.5　56 个民族女孩服饰

作品描述

　　该作品用于展示我国 56 个民族的女孩服饰，作品效果见图 4-5-1。五十六个民族，五十六枝花。经过历史文化的沉淀，我国每个民族都拥有着属于本民族特有的服饰文化。该作品通过自由浏览、幻灯片、模糊查询、猜猜看 4 种形式，可以让我们学习和了解各民族女孩服饰文化。

(a) 自由浏览　　　　　　　　　　　　　(b) 猜猜看

图 4-5-1　作品效果图

创作思路

　　该作品主要实现自由浏览、幻灯片、模糊查询、猜猜看 4 个功能。①自由浏览功能：在舞台右边以 8 行 7 列的网格显示缩略图，单击缩略图可以在舞台左边显示大图，鼠标指针在缩略图上停留可以显示民族简介；②幻灯片功能：单击播放按钮，将采用幻灯片形式在舞台左边展示各民族的服饰图片；③模糊查询功能：单击查询按钮，在询问框中输入包含民族名称的关键字，将采用模糊查询的方式查找并显示对应民族的服饰图片；④猜猜看功能：单击猜猜看按钮，将在舞台左边随机显示一个民族的服饰图片，并提供 3 个候选答案给答题者进行选择。

编程实现

　　先观看资源包中的作品演示视频 4-5.mp4，再打开模板文件 4-5.sb3 进行项目创作。

　　该作品用到的角色见图 4-5-2。其中，"服饰"角色的造型列表提供 56 个民族的女孩服饰图片，用于展示各民族女孩服饰和在网格中生成缩略图；"播放按钮"角色用于开启幻灯片播放模式；"猜猜看按钮"和"猜猜看"角色用于实现猜猜看的互动问答；"查询按钮"和"查询民族"角色用于根据关键字对民族名称进行模糊查询。

图 4-5-2　角色列表

（1）编写自由浏览功能的代码。

　　在舞台右边以 8 行 7 列的网格显示缩略图，单击缩略图可以在舞台左边显示大图，鼠标指针在缩略图上停留可以显示民族简介。

　　如图 4-5-3 所示，在"服饰"角色的主程序中，调用"创建缩略图网格"过程在舞台右边生

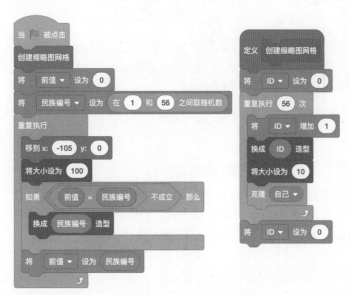

图 4-5-3　创建缩略图克隆体

成一个8行7列的缩略图网格,然后将"民族编号"变量的值设为1～56的随机数,用于在舞台左边随机地显示一个民族的服饰图片。在"创建缩略图网格"过程中,创建56个"服饰"角色的克隆体,每个克隆体根据私有变量ID的值切换到对应的民族服饰造型。

如图4-5-4所示,每个"服饰"角色的克隆体根据其ID值计算出在缩略图网格中的坐标,并将其移到该坐标处。

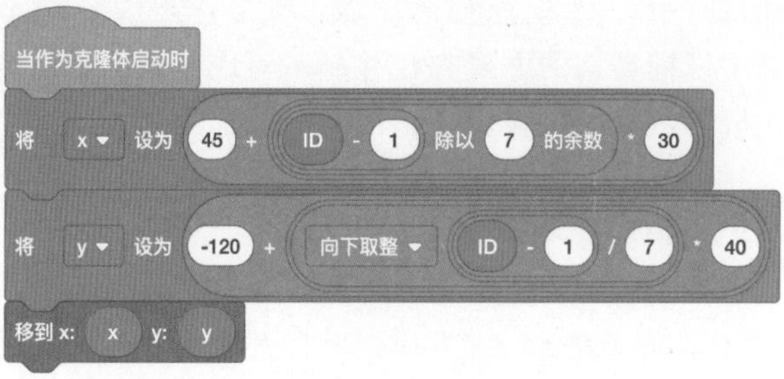

图4-5-4　计算缩略图克隆体的坐标

如图4-5-5所示,当单击舞台右边网格中的某个缩略图(克隆体)时,就将"民族编号"变量的值设为当前克隆体的ID值,从而在舞台左边显示对应民族的服饰图片,实现自由浏览图片的目的。

如图4-5-6所示,当鼠标指针在缩略图(克隆体)上停留时,就突出显示缩略图并显示对应的民族名称和简介;当鼠标指针离开时,则恢复原样。

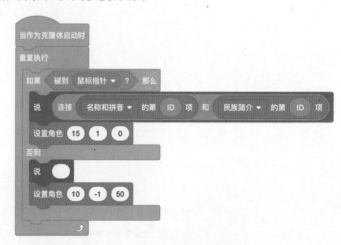

图4-5-5　单击缩略图浏
览服饰图片

图4-5-6　显示民族名称和简介

（2）编写幻灯片播放功能的代码（见图4-5-7）。

当单击舞台底部的"播放"按钮,就将"播放状态"变量的值设为1,开启幻灯片播放模式;再次单击该按钮,则关闭幻灯片播放模式。在幻灯片播放模式下,调用"特效播放"过程以3秒的时间间隔自动播放56个民族的女孩服饰图片。

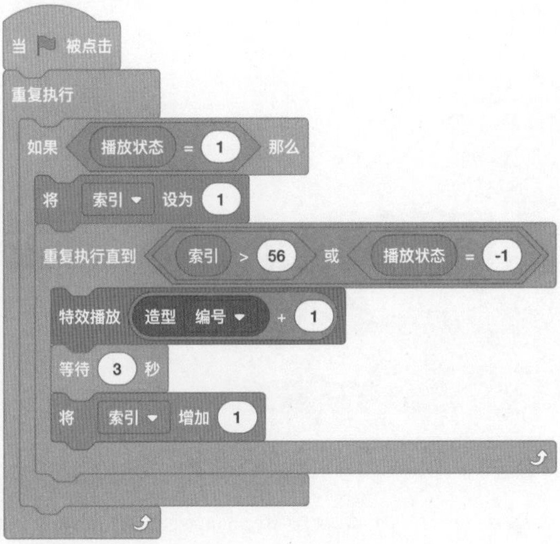

图 4-5-7　自动播放图片

（3）编写模糊查询功能的代码（见图 4-5-8）。

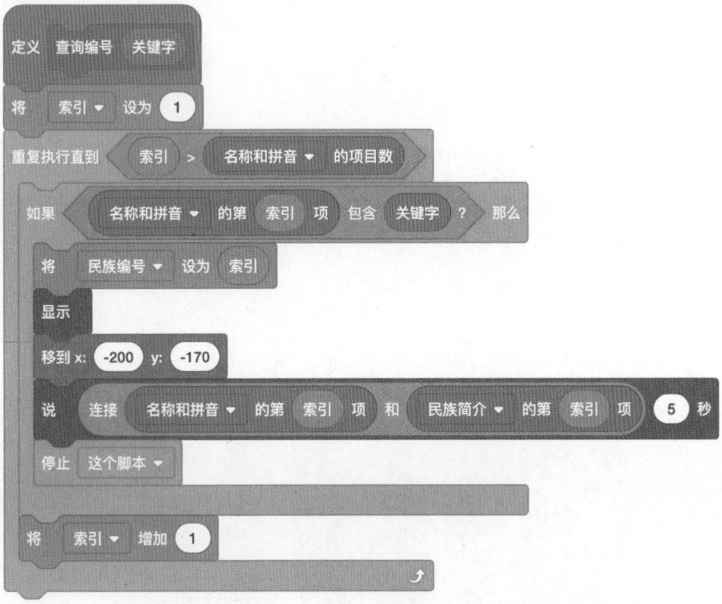

图 4-5-8　模糊查询

当单击舞台底部的查询按钮，就弹出询问对话框以供用户输入关键字，然后调用"查询编号"过程进行模糊查询。在"名称和拼音"列表中查找包含给定关键字的项目，然后将目标项目的编号（索引）存放在全局变量"民族编号"中，用以在舞台左边显示服饰图片和民族简介。

（4）编写猜猜看问答功能代码（见图 4-5-9）。

当单击舞台底部的猜猜看按钮，就在舞台左边任意显示一个民族的服饰图片，同时弹出询问对话框以供用户从 3 个候选民族中选择一个，用以确定展示的民族是哪一个。当用户

图 4-5-9　猜猜看

回答之后，就调用"判断答案对错"过程检测用户的回答是否正确并显示结果。

　　该作品的其他代码限于篇幅未能列出和说明，请在该作品的模板文件中查看代码和阅读注释。

4.6　甲骨文对对碰

作品描述

　　该游戏作品用于识记十二生肖的甲骨文汉字，作品效果见图 4-6-1。舞台上显示打乱位置的十二生肖简体汉字和甲骨文汉字（共 24 个），用鼠标指针选择任意两个汉字，如果正好是一对，则选中的两个汉字就会消失。

图 4-6-1　作品效果图

创作思路

　　该作品主要实现消除舞台上选中的成对（简体和甲骨文）汉字。利用克隆技术生成两组

(24 个)成对的汉字图片,并以 4 行 6 列的规格将它们无序地排列在舞台上。当玩家用鼠标指针选中任意两个汉字图片时,检测它们如果是一对,就把它们从舞台上消除;否则,就取消它们的选中状态。

编程实现

先观看资源包中的作品演示视频 4-6.mp4,再打开模板文件 4-6.sb3 进行项目创作。

在该作品的模板文件中,已经预置了舞台背景和"汉字"角色。"汉字"角色有 24 个造型,编号 1～12 的造型是甲骨文汉字,编号 13～24 的造型是简体汉字。这样安排汉字造型,有利于判断任意选中的两个汉字是否成对(读者可以先思考一下是为什么)。

在该作品中,只需要给"汉字"角色编写代码,下面对核心功能进行说明。

(1) 编写生成汉字阵列克隆体的代码(见图 4-6-2)。

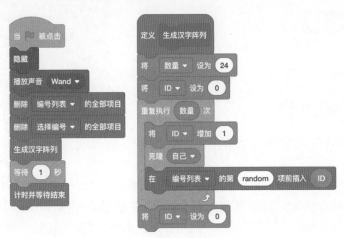

图 4-6-2　生成汉字阵列的克隆体

在该作品中使用两个全局列表存放数据,"编号列表"用于存放无序的汉字克隆体 ID,"选择编号"用于存放任意选中的两个汉字克隆体 ID。在项目运行后,需要先删除这两个全局列表中的全部项目。

在"生成汉字阵列"过程中,利用"克隆"积木生成 24 个汉字的克隆体,从 1 开始给每个克隆体编号(设定 ID 值),并将编号插入到"编号列表"中的随机位置。在显示汉字阵列时,先以 ID 值作为索引从"编号列表"中取出汉字编号,再根据该编号切换"汉字"角色(克隆体)的造型。这样就可以在舞台上显示一个无序排列的汉字阵列。

在"计时并等待结束"过程中,先将计时器归零,然后等待玩家将舞台上的所有汉字消除,之后将本次游戏所用时间显示出来。该过程的实现比较简单,具体内容可查看该作品的源码。

(2) 编写在舞台上显示汉字阵列的代码(见图 4-6-3)。

根据汉字克隆体的 ID 计算出 x 坐标和 y 坐标,然后将其定位到 4 行 6 列的阵列中显示。为了产生动画效果,先将汉字克隆体移动到随机位置,再平滑移动到阵列中的位置。

(3) 选择任意两个汉字并检测是否成对。

如图 4-6-4 所示,当单击"汉字"角色(克隆体)后,将虚像特效设定为 60,表示该汉字被选中，同时将汉字克隆体的编号加入"选择编号"列表中。如果列表的项目数等于 2，则表示已经选中了两个汉字，那么就先删除该列表的全部项目。

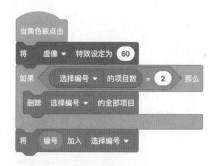

图 4-6-3　用动画效果显示汉字　　　　　　　　　图 4-6-4　选择并记录汉字编号

　　如图 4-6-5 所示，在每个"汉字"角色（克隆体）启动时，利用一个循环结构不断检测任意选中的两个汉字是否成对。当玩家选中两个汉字，并且当前克隆体的编号包含在"选择编号"列表中，那么就判断两个汉字是否成对。将"选择编号"列表中存放的两个汉字编号相减并取绝对值，如果等于 12，那么可以认定两个汉字是一对，就把它们从舞台上消除。

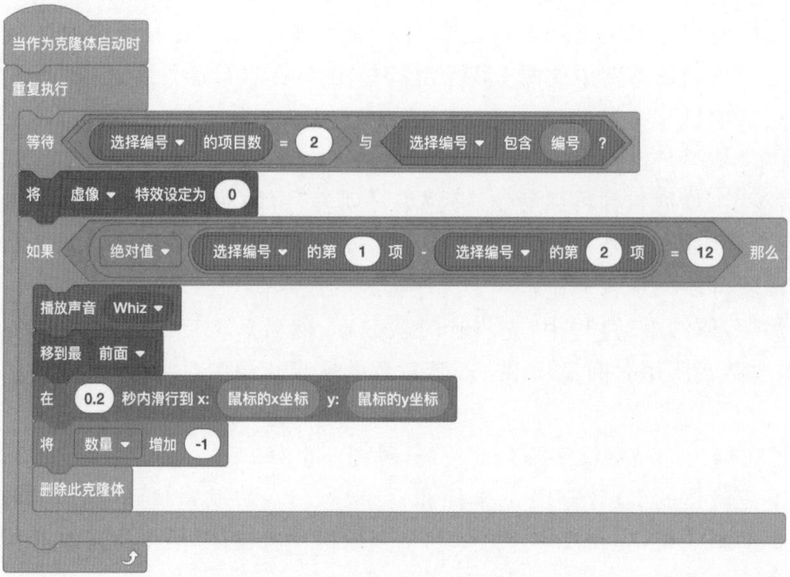

图 4-6-5　检测并消除成对的汉字

在消除汉字前,可以通过播放声音、平滑移动等方式产生音效和动画,增强玩家的视听体验。

4.7 宫格寻诗

？ 作品描述

该作品是在九宫格或十二宫格中寻找隐藏于杂乱无章的汉字中的诗句,作品效果见图 4-7-1。例如,在十二宫格中的 7 个汉字能够组成一句七言诗,而另外 5 个汉字能够组成一句七言诗的前 5 个字。宫格中的汉字杂乱无章,一开始的选择很重要,一不小心就会"误入歧途"。宫格区的汉字被单击后,就会飞到上方的待定区。如果选错了,单击待定区中的汉字,就会飞回宫格区。选择完毕后,单击"完成"按钮自动进行检测,如果通过,就会进入下一关。

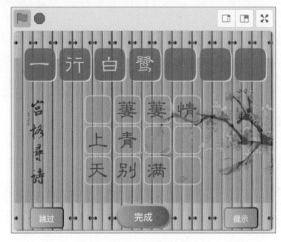

图 4-7-1 作品效果图

💡 创作思路

该作品主要实现从九宫格(或十二宫格)中找出一句正确的古诗。需要准备一个古诗句的题库和一个用于界面显示的汉字库(造型)。从题库中任意选择一句诗作为目标诗句,再任意选择一句诗作为干扰诗句。五言诗句用九宫格,七言诗句用十二宫格,分别加入一句五言诗句的前 4 个字,或者一句七言诗句的前 5 个字,这样的干扰诗句增加了寻找目标诗句的难度。将目标诗句和干扰诗句的汉字打乱排列在九宫格(或十二宫格)中。宫格区的汉字被单击后,会飞到舞台顶部的待定区;待定区的汉字被单击后,会重新回到宫格区。待定区填满汉字后,单击"完成"按钮,就会检测是否找到目标诗句。检测通过后,将会进入下一关。

📋 编程实现

先观看资源包中的作品演示视频 4-7.mp4,再打开模板文件 4-7.sb3 进行项目创作。

该作品用到的角色见图 4-7-2。其中,"主程序"角色用于出题、构建界面等;"汉字"角色提供显示古诗用到的所有汉字造型,用于在格子中显示汉字;"格子"和"待定格子"角色作为汉字的背景方块；"完成按钮"角色用于检测答题结果；"提示按钮"角色用于显示答案；"跳过按钮"角色用于跳过当前题目而进入下一题；"背景装饰"角色用于美化界面。

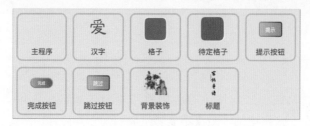

图 4-7-2　角色列表

（1）古诗数据和汉字库的准备。

该作品用到的古诗数据包括五言诗句和七言诗句。创建全局列表"题库"，然后将古诗数据导入该列表中。

该作品用到的诗句有 97 句，诗句中涉及的汉字有 357 个。将这些汉字制作成矢量文件，然后导入"汉字"角色的造型列表中。在本书的资源包中提供汉字矢量文件的制作方法。

（2）编写出题和构建界面的代码。

如图 4-7-3 所示，在"主程序"角色的代码中负责处理"开始出题"消息，调用"构建界面"过程实现出题和构建游戏界面。

在"构建界面"过程中，先调用"设定考查诗句"过程任意选择"题库"列表中的一个诗句，作为当前关卡的考查诗句；然后调用"生成宫格汉字表"过程将选择的诗句内容拆散成单个汉字并加入"宫格汉字"列表中，用以在舞台上的格子阵列中显示；之后分别广播"创建待定区格子""创建格子阵列"和"创建汉字阵列"消息以通知"格子"角色、"汉字"角色和"待定格子"角色通过创建克隆体的方式完成界面的构建工作。

如图 4-7-4 所示，在"设定考查诗句"过程中，从"题库"列表中随机地选择一个诗句，并根据诗句内容计算出格子阵列的宫格数量。

图 4-7-3　出题和构建界面

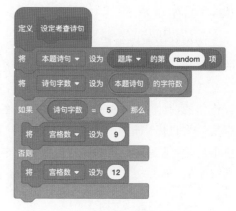

图 4-7-4　设定考查诗句

如图 4-7-5 所示，在"生成宫格汉字表"过程中，先将所选择的诗句内容拆散成单个汉字加入到"宫格汉字"列表中，然后调用"添加干扰诗句"过程将若干个干扰汉字加入"宫格汉字"列表中,接着调用"打乱宫格汉字"过程将"宫格汉字"列表中的各个汉字打乱顺序,从而使得舞台上显示的宫格汉字是杂乱无章的。

　　如图 4-7-6 所示,在"添加干扰诗句"过程中,从"题库"列表中随机选择与考查诗句不相同的一个诗句作为干扰诗句,取其前几个汉字补足宫格数。

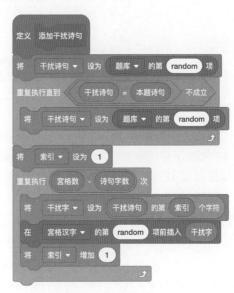

图 4-7-5　生成宫格汉字表　　　　　　　　图 4-7-6　添加干扰诗句

　　(3) 编写创建格子阵列、汉字阵列和待定区格子的代码。

　　如图 4-7-7 所示,"汉字"角色在接收到"创建汉字阵列"消息后,调用"创建汉字克隆体"过程创建指定数量(由"宫格数"变量值决定)的汉字克隆体。每个克隆体根据其 ID 值从"宫格汉字"列表中取出汉字,再换成对应的汉字造型。另外,每个克隆体的舞台坐标根据其 ID 值计算得到。在舞台上显示时,先将汉字克隆体移到舞台左边缘,再滑行到指定的坐标处,以此呈现动画效果。

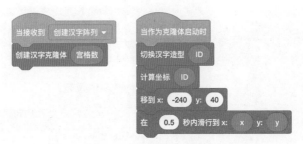

图 4-7-7　创建汉字阵列

　　如图 4-7-8 所示,"格子"角色在接收到"创建格子阵列"消息后,调用"创建格子克隆体"过程创建指定数量(由"宫格数"变量值决定)的格子克隆体。每个克隆体的舞台坐标根据其 ID 值计算得到。在舞台上显示时,先将格子克隆体移到舞台右边缘,再滑行到指定的坐标处,以此呈现动画效果。另外,每个格子克隆体在碰到鼠标指针时换成深色造型,在鼠标指针离开后再换成默认的浅色造型。

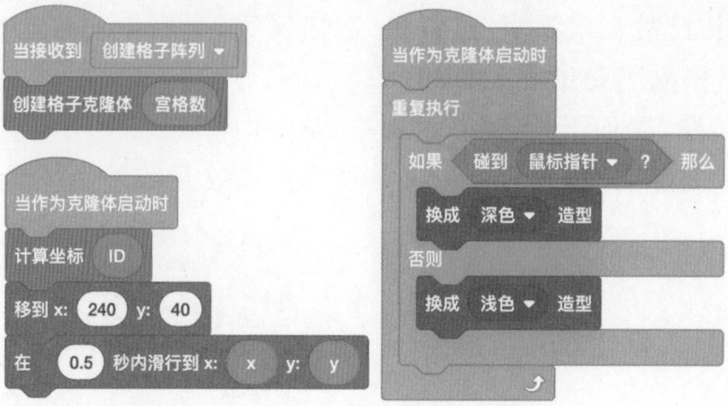

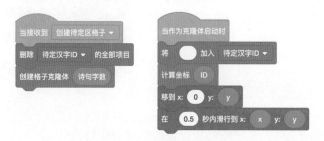

图 4-7-8　创建格子阵列

如图 4-7-9 所示，待定"格子"角色在接收到"创建格子阵列"消息后，调用"创建格子克隆体"过程创建指定数量（由"宫格数"变量值决定）的待定格子克隆体。每个克隆体的舞台坐标根据其 ID 值计算得到。在舞台上显示时，先将待定格子克隆体移到舞台顶部中间位置，再向两侧滑行到指定的坐标处，以此呈现动画效果。

图 4-7-9　创建待定区格子

（4）编写处理汉字单击事件的代码。

如图 4-7-10 所示，当单击汉字或格子克隆体时，将其 ID 值存放到全局变量"选中汉字

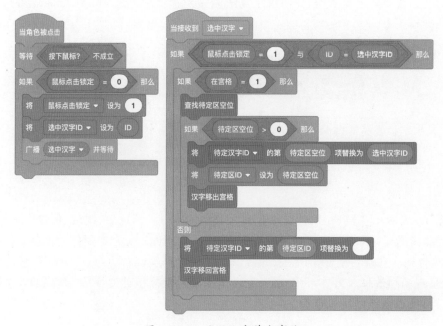

图 4-7-10　处理汉字单击事件

ID"中,然后广播"选中汉字"消息以通知"汉字"角色将汉字移出或移回宫格区。

"汉字"角色(克隆体)在接收到"选中汉字"消息后,根据其 ID 值与全局变量"选中汉字 ID"的值进行比较,如果两者匹配则处理该消息。私有变量"在宫格"用于区分被单击的汉字在宫格区或者待定区。当汉字被移出宫格区,该变量的值设为 0;当汉字被移回宫格区,该变量的值设为 1。当汉字或格子克隆体被单击后,如果该汉字在宫格区,就调用"查找待定区空位"过程找出一个待定区中的空位,然后将"待定汉字 ID"列表中对应位置替换为"选中汉字 ID",接着调用"汉字移出宫格"过程将该汉字从宫格区移动到待定区;如果该汉字在待定区,就将"待定汉字 ID"列表中对应位置替换为空,然后调用"汉字移回宫格"过程将该汉字从待定区移动到宫格区。

如图 4-7-11 所示,当单击待定区中的汉字(或格子)克隆体时,根据其 ID 值从"待定汉字 ID"列表中取出对应的汉字 ID,将其存放到全局变量"选中汉字 ID"中,然后广播"选中汉字"消息以通知"汉字"角色将汉字从待定区移回宫格区。

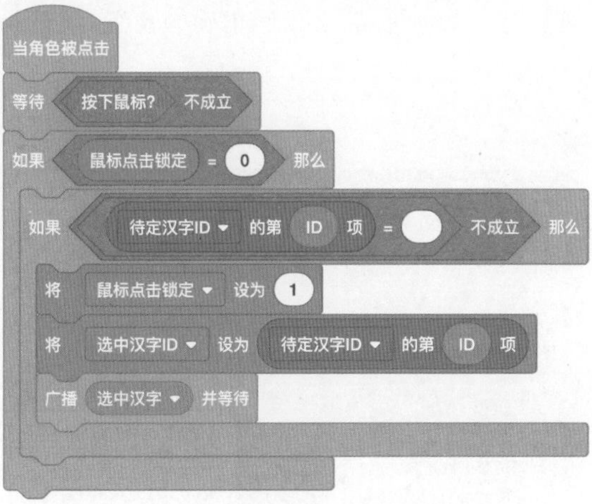

图 4-7-11 处理待定区格子单击事件

(5)编写判断答题结果的代码(见图 4-7-12)。

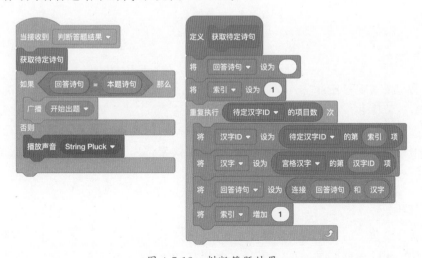

图 4-7-12 判断答题结果

"主程序"角色在接收到"判断答题结果"消息后，先调用"获取待定诗句"过程根据"待定汉字 ID"列表获取对应的汉字，组成诗句存放在"回答诗句"变量中；然后判断"回答诗句"是否匹配要考查的诗句。如果通过，就广播"开始出题"消息以进入下一关。

该作品的其他代码限于篇幅未能列出和说明，请在该作品的模板文件中查看代码和阅读注释。

4.8　古诗拼图

？ 作品描述

该作品是将一批杂乱无章的汉字重新排列成一首古诗，作品效果见图 4-8-1。作品类似于拼图游戏，对参与者的古诗储备量是一个考验。单击任意两个汉字，可以交换它们的位置。对于不太熟悉的诗句，可以根据首字提示或尾字提示来确定各行诗句，或者根据古诗的译文来确定各诗句的排列顺序。将所有汉字放回正确的位置，就能构成一首正确的古诗，从而进入下一关。

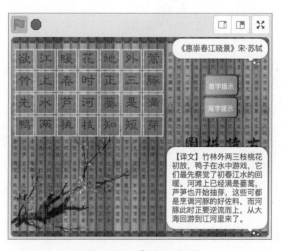

图 4-8-1　作品效果图

创作思路

该作品主要实现将任意一首古诗的汉字打乱并由玩家重新排列正确。需要准备一个有若干首古诗的诗库和一个用于界面显示的汉字库（造型）。从诗库中选择任意一首古诗，将诗中各个汉字的位置全部打乱，然后利用汉字库（造型）创建克隆体并以阵列形式显示在舞台上。单击任意两个汉字即可交换其位置，当全部汉字都回到正确位置，将自动判定成功，随后进入下一关。

编程实现

先观看资源包中的作品演示视频 4-8. mp4，再打开模板文件 4-8. sb3 进行项目创作。

该作品用到的角色见图 4-8-2。其中，"主程序"角色用于出题、构建界面、取出古诗首字和尾字、显示古诗标题、作者和译文等;"汉字"角色提供显示古诗用到的所有汉字造型,用于在格子中显示汉字;"格子"角色作为汉字的背景方块,反映汉字被选中状态;"首字提示"角色用于显示古诗各句的首字;"尾字提示"角色用于显示古诗各句的尾字;"背景装饰"角色用于美化界面;其他角色起辅助作用。

图 4-8-2　角色列表

(1) 古诗数据和汉字库的准备。

该作品用到的古诗数据包括古诗标题、译文和正文等信息。创建 3 个全局列表"古诗标题""古诗译文""诗库",然后将古诗数据导入对应的列表中。

该作品用到古诗有 79 首,古诗正文中涉及的汉字有 733 个。将这些汉字制作成矢量文件,然后导入"汉字"角色的造型列表中。在本书的资源包中提供汉字矢量文件的制作方法。

(2) 编写出题和构建界面的代码。

如图 4-8-3 所示,在"主程序"角色的代码中负责处理"开始出题"消息,调用"构建界面"过程实现出题和构建游戏界面。

图 4-8-3　出题和构建界面

在"构建界面"过程中,先调用"设定古诗"过程任意选择"诗库"列表中的一首古诗,作为当前关卡的古诗考题;然后调用"取出古诗首字和尾字"过程取得所选择古诗各句的首字和尾字,用于显示辅助信息;接着调用"生成宫格汉字表"过程将选择的古诗内容拆散成单个汉字并加入"宫格汉字"列表中,用以在舞台上的格子阵列中显示;之后分别广播"创建格子阵列"和"创建汉字阵列"消息以通知"格子"角色和"汉字"角色通过创建克隆体的方式完成界面的构建工作。

如图 4-8-4 所示,在"设定古诗"过程中,从"诗库"列表中随机地选择一首古诗,并根据古诗内容计算出格子阵列的宫格数量和宫格列数。

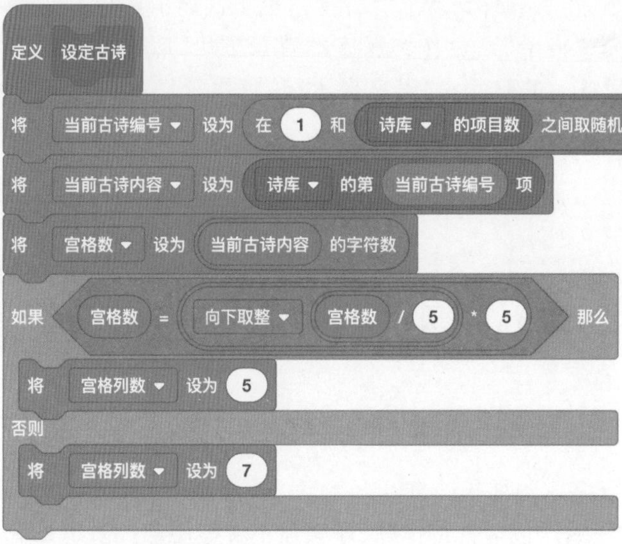

图 4-8-4 设定古诗

如图 4-8-5 所示，在"生成宫格汉字表"过程中，将所选择的古诗内容拆散成单个汉字加入到"宫格汉字"列表中。在对列表操作时使用 random 关键字，表示对列表的随机位置进行操作，从而使得舞台上显示的宫格汉字是杂乱无章的。

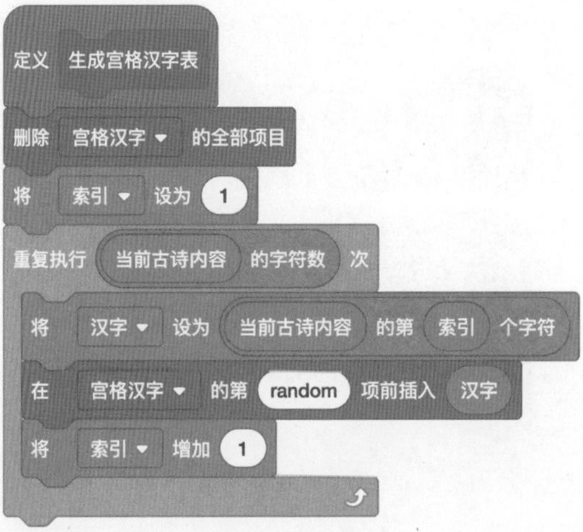

图 4-8-5 生成宫格汉字

（3）编写创建格子阵列和汉字阵列的代码。

如图 4-8-6 所示，"格子"角色在接收到"创建格子阵列"消息后，调用"创建格子克隆体"过程创建指定数量（由"宫格数"变量值决定）的格子克隆体。每个克隆体的舞台坐标根据其 ID 值计算得到。在舞台上显示时，先将格子克隆体移到随机位置，再滑行到指定的坐标处，以此呈现动画效果。每个格子克隆体在选中或非选中时呈现不同的颜色，根据私有变量"被选中"的值，调用"切换格子造型"过程来实现。当格子克隆体的私有变量 x 和 y 发生变化时，就将其移动到新坐标处，从而实现两个格子交换位置。

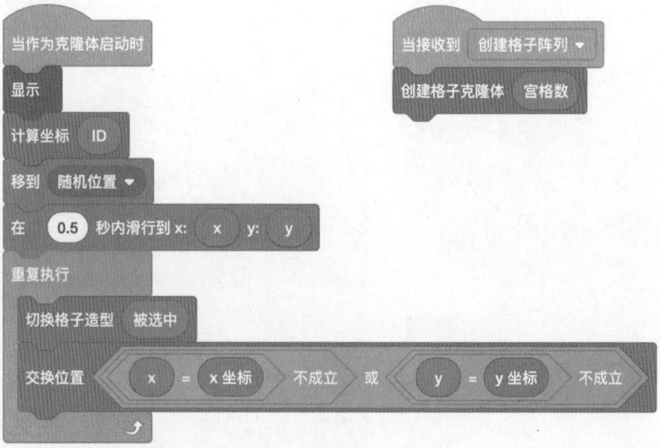

图 4-8-6 创建格子阵列

如图 4-8-7 所示，"汉字"角色在接收到"创建汉字阵列"消息后，调用"创建汉字克隆体"过程创建指定数量（由"宫格数"变量值决定）的汉字克隆体。每个克隆体根据其 ID 值从"宫格汉字"列表中取出汉字，再换成对应的汉字造型。另外，每个克隆体的舞台坐标根据其 ID 值计算得到。在舞台上显示时，先将汉字克隆体移到随机位置，再滑行到指定的坐标处，以此呈现动画效果。当汉字克隆体的私有变量 x 和 y 发生变化时，就将其移动到新坐标处，从而实现两个汉字交换位置。

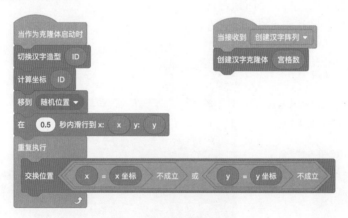

图 4-8-7 创建汉字阵列

（4）编写处理汉字单击事件的代码（见图 4-8-8）。

当单击汉字克隆体或者格子克隆体时，将其 ID 值存放到全局变量"选中汉字 ID"中，然后广播"选中汉字"消息以通知"格子"角色添加或删除选中的汉字。

"格子"角色（克隆体）在接收到"选中汉字"消息后，根据其 ID 值与全局变量"选中汉字 ID"的值进行比较，如果两者匹配则处理该消息。私有变量"被选中"的值在 1 或 −1 来回切换，即格子（或汉字）克隆体在第一次被单击时该变量的值为 1（被选中），再次被单击则其值变为 −1（取消选中）。当格子（或汉字）克隆体被选中后，就调用"添加待定汉字"过程将其 ID 值加入"待定汉字"列表中；在取消选中后，调用"删除待定汉字"过程将其 ID 值从"待定汉字"列表中删除。

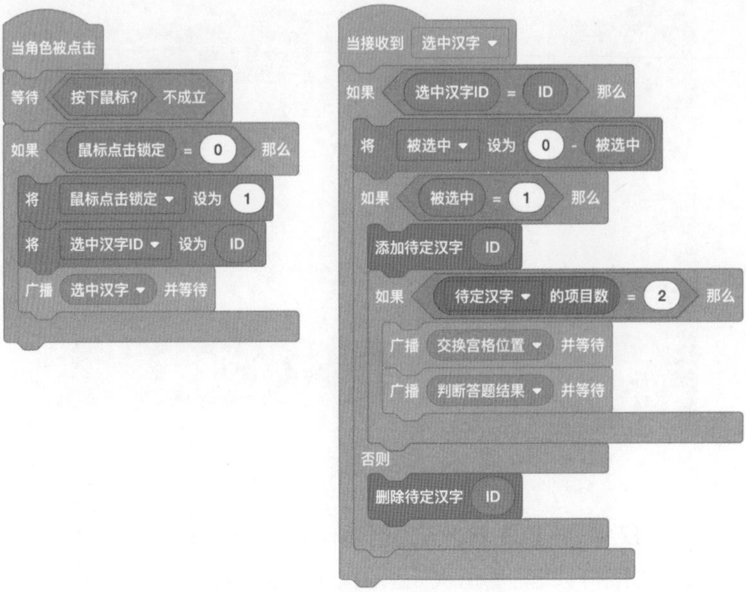

图 4-8-8　处理格子单击事件

当"待定汉字"列表的项目数等于 2 时,先广播"交换宫格位置"消息以通知"格子"角色和"汉字"角色分别交换两个格子和汉字的位置,然后广播"判断答题结果"消息以通知"主程序"角色检测宫格汉字是否已经回到正确位置。

(5) 编写判断答题结果的代码(见图 4-8-9)。

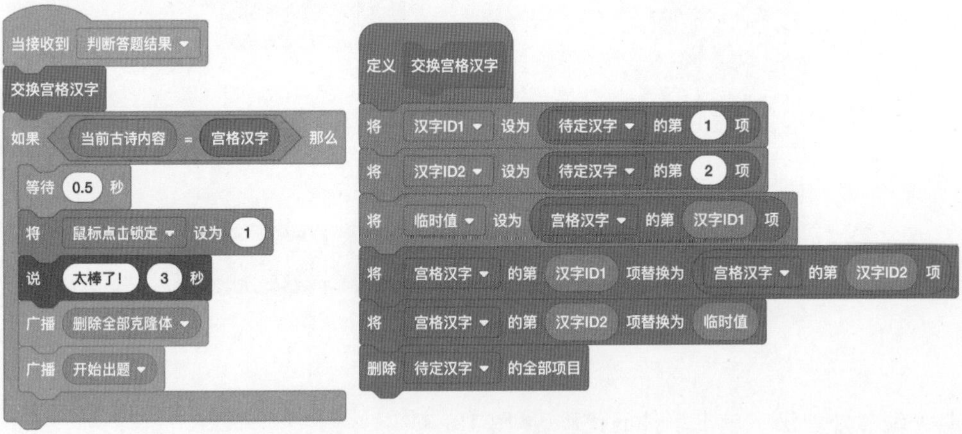

图 4-8-9　判断答题结果

"主程序"角色在接收到"判断答题结果"消息后,先调用"交换宫格汉字"过程将"宫格汉字"列表中的两个汉字交换位置,然后判断"宫格汉字"列表中的汉字顺序是否匹配要考查的古诗。如果通过,就广播"开始出题"消息以进入下一关进行考查。

该作品的其他代码限于篇幅未能列出和说明,请在该作品的模板文件中查看代码和阅读注释。

4.9　成语消消乐

？〉作品描述

　　该作品是一个从杂乱无章的汉字阵列中找出四字成语的益智游戏,作品效果见图 4-9-1。在一个由 36 个汉字构成的阵列中隐藏着 9 个四字成语,单击选择 4 个汉字,如果能构成一个要考查的成语则将其从阵列中消除。可以根据成语的出处、人物和释义等信息来识别一个成语。如果猜不出,还可以单击"答案"按钮获得帮助。

图 4-9-1　作品效果图

💡〉创作思路

　　该作品主要实现让玩家从一个被随机打乱的汉字阵列中找出限定的成语。需要准备一个有若干个成语的词库和一个用于界面显示的汉字库(造型)。从词库中任意选择 9 个成语(36 个汉字),将各个汉字的位置全部打乱,然后利用汉字库(造型)创建克隆体并以阵列形式显示在舞台上。单击选择任意 4 个汉字,如果能组成规定的 4 字成语,则选中的 4 个汉字将被从阵列中消除。当 9 个成语都被找出(36 个汉字都被消除)后,将自动进入下一关。

☰〉编程实现

　　先观看资源包中的作品演示视频 4-9.mp4,再打开模板文件 4-9.sb3 进行项目创作。

　　该作品用到的角色见图 4-9-2。其中,"主程序"角色用于出题和判断结果、构建界面、显示成语出处、释义和人物等;"汉字"角色提供显示成语用到的所有汉字造型,用于在格子中显示汉字;"格子"角色作为汉字的背景方块,反映汉字被选中状态;"重置按钮"角色用于发出重新出题命令;"答案按钮"角色用于显示当前答案;"词语打码"角色用于对成语出处中出现的成语(答案)进行打码,用星号代替。

　　(1) 成语数据和汉字库的准备。

　　该作品用到的成语数据包括成语名称、出处、释义、人物等信息。创建 4 个全局列表"成

图 4-9-2　角色列表

语名称""成语出处""成语释义""成语人物"，然后将成语数据导入对应的列表中。

该作品用到 49 个成语，成语名称中涉及 166 个汉字。将这些汉字制作成矢量文件，然后导入"汉字"角色的造型列表中。在本书的资源包中提供汉字矢量文件的制作方法。

（2）编写出题和构建界面的代码。

如图 4-9-3 所示，在"主程序"角色的代码中负责处理"开始出题"消息，调用"构建界面"过程实现出题和构建游戏界面，调用"显示成语考题"过程显示一个成语考题。

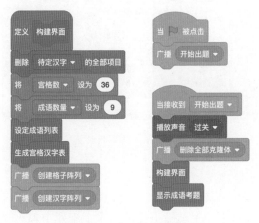

图 4-9-3　出题和构建界面

在"构建界面"过程中，先调用"设定成语列表"过程任意选择 9 个不重复的成语加入"候选成语"列表，作为当前关卡的成语考题；然后调用"生成宫格汉字表"过程将"候选成语"列表中的各个成语拆散成单个汉字并加入"宫格汉字"列表中，用以在舞台上的格子阵列中显示；接着分别广播"创建格子阵列"和"创建汉字阵列"消息以通知"格子"角色和"汉字"角色通过创建克隆体的方式完成界面的构建工作。

如图 4-9-4 所示，在"设定成语列表"过程中，从"成语名称"列表中随机地选择成语，将其加入到"候选成语"列表中，并且保证"候选成语"列表中的成语不能重复。在对列表操作时使用 random 关键字，表示对列表的随机位置进行操作。

如图 4-9-5 所示，在"生成宫格汉字表"过程中，将"候选成语"列表中的数据作为一个字符串处理，忽略掉空格，将单个汉字加入到"宫格汉字"列表的随机位置，从而使得舞台上显示的宫格汉字是杂乱无章的。

如图 4-9-6 所示，在"显示成语考题"过程中，设定全局变量"当前成语名称"和"当前成语编号"的值，然后分别广播"显示成语出处""显示成语人物""显示成语释义"消息以通知对应的角色显示当前成语的信息,根据这些信息可以帮助识别要考查的成语。

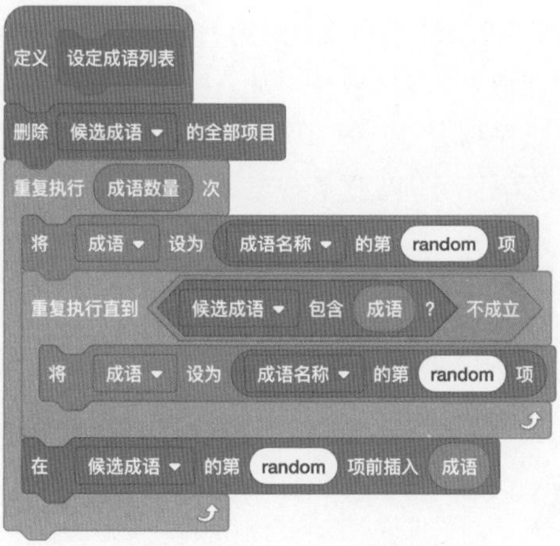

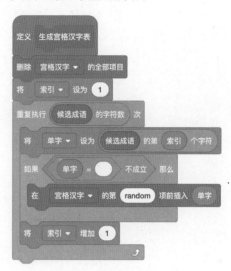

图 4-9-4　设定成语列表　　　　　　　图 4-9-5　生成宫格汉字表

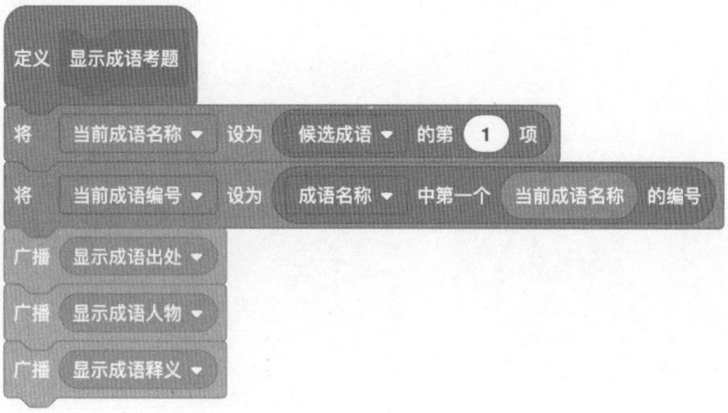

图 4-9-6　显示成语考题

(3)编写创建格子阵列和汉字阵列的代码。

如图 4-9-7 所示,"格子"角色在接收到"创建格子阵列"消息后,调用"创建格子克隆体"过程创建 36 个格子克隆体。每个克隆体的舞台坐标根据其 ID 值计算得到。在舞台上显示

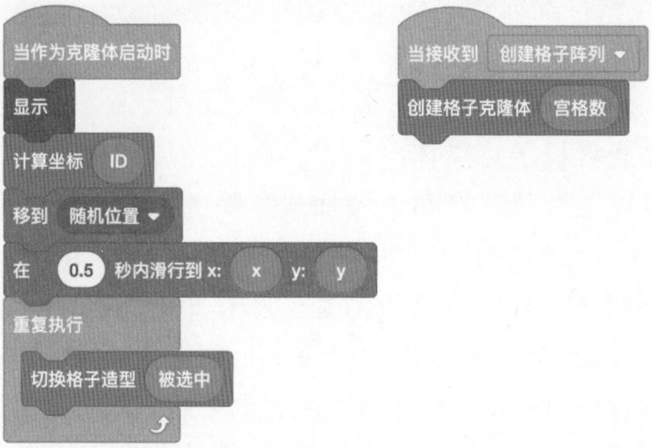

图 4-9-7　创建格子阵列

时，先将格子克隆体移到随机位置，再滑行到指定的坐标处，以此呈现动画效果。每个格子克隆体在选中或非选中时呈现不同的颜色，根据私有变量"被选中"的值，调用"切换格子造型"过程来实现。

如图 4-9-8 所示，"汉字"角色在接收到"创建汉字阵列"消息后，调用"创建汉字克隆体"过程创建 36 个汉字克隆体。每个克隆体根据其 ID 值从"宫格汉字"列表中取出汉字，再换成对应的汉字造型。另外，每个克隆体的舞台坐标根据其 ID 值计算得到。在舞台上显示时，先将汉字克隆体移到随机位置，再滑行到指定的坐标处，以此呈现动画效果。

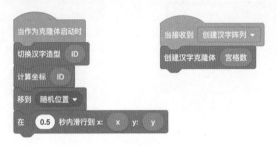

图 4-9-8　创建汉字阵列

（4）编写处理汉字单击事件的代码（见图 4-9-9）。

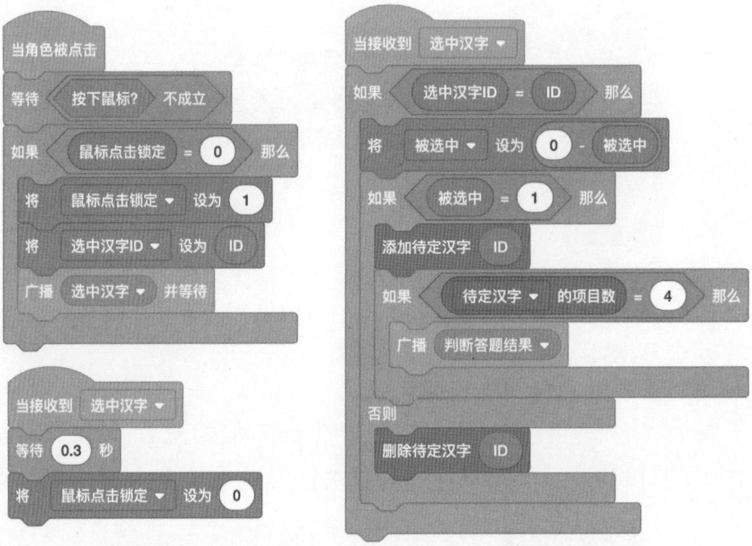

图 4-9-9　处理格子单击事件

当单击汉字克隆体或者格子克隆体时，将其 ID 值存放到全局变量"选中汉字 ID"中，然后广播"选中汉字"消息以通知"格子"角色添加或删除选中的汉字。

"格子"角色（克隆体）在接收到"选中汉字"消息后，根据其 ID 值与全局变量"选中汉字ID"的值进行比较，如果两者匹配则处理该消息。私有变量"被选中"的值在 1 或－1 来回切换，即格子（或汉字）克隆体在第一次被单击时该变量的值为 1（被选中），再次被单击则其值变为－1（取消选中）。当格子（或汉字）克隆体在被选中后，就调用"添加待定汉字"过程将其ID 值加入"待定汉字"列表中；在取消选中后，调用"删除待定汉字"过程将其 ID 值从"待定汉字"列表中删除。

当"待定汉字"列表的项目数等于 4 时,就广播"判断答题结果"消息以通知"主程序"角色检测选择的 4 个汉字是否为要考查的成语。

(5) 编写判断答题结果的代码(见图 4-9-10)。

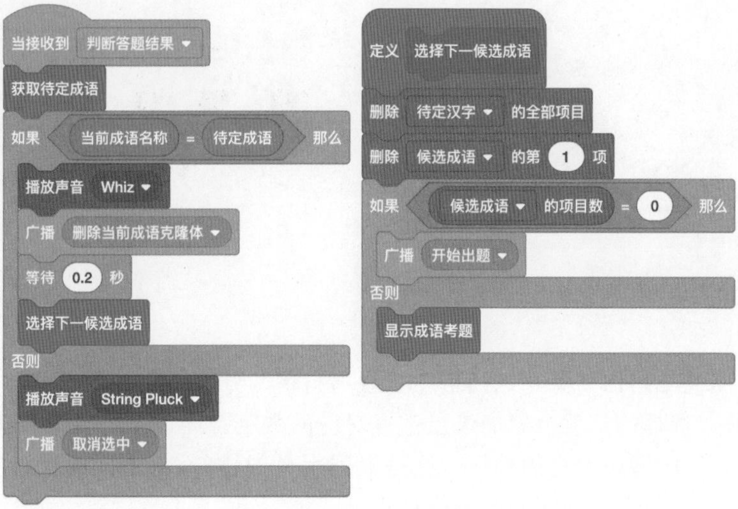

图 4-9-10　判断答题结果

"主程序"角色在接收到"判断答题结果"消息后,调用"获取待定成语"过程取得当前从宫格中选择的四个汉字(待定成语),然后判断待定成语是否匹配要考查的成语。如果答对成语,就选择下一个候选成语进行考查;否则,就广播"取消选中"消息以通知"格子"角色取消选择的四个汉字。

在"选择下一候选成语"过程中,先将考查通过的成语删除(即删除"候选成语"列表的第 1 项),然后判断如果"候选成语"列表为空,则表示当前关卡已经通过,就广播"开始出题"消息以进入下一关;否则,就调用"显示成语考题"过程继续考查"候选成语"列表中剩下的成语。

该作品的其他代码限于篇幅未能列出和说明,请在该作品的模板文件中查看代码和阅读注释。

4.10　妙算生肖

作品描述

该游戏作品是一个计算玩家生肖的数学小游戏,作品效果见图 4-10-1。十二生肖又叫属相,是与十二地支相配作为人出生年份的十二种动物,包括鼠、牛、虎、兔、龙、蛇、马、羊、猴、鸡、狗、猪。该作品在舞台上每次展示一组生肖,玩家看到自己的生肖在其中就选择"有",否则选择"没有"。通过展示 4 组生肖供玩家选择,就可以计算出玩家的生肖。

创作思路

该作品是利用数学方法设计出的猜生肖小游戏。游戏时展示的 4 组生肖分别为"鼠虎

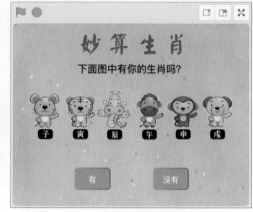

(a) 主页面　　　　　　　　(b) 生肖选择页面

图 4-10-1　作品效果图

龙马猴狗""牛虎蛇马鸡狗""兔龙蛇马猪""羊猴鸡狗猪"，分别对应的数字是1、2、4、8。展示
一组生肖时，玩家选择"有"就会累加该组生肖对应的数字。经过 4 次展示和选择后，累加得
到的数字和就是玩家所属生肖的排行。这是根据生肖的排行，将不同的生肖安排在 4 组展
示中，且 4 组展示的数字之和刚好等于生肖排行。

编程实现

先观看资源包中的作品演示视频 4-10.mp4，再打开模板文件 4-10.sb3 进行项目创作。

该作品用到的角色见图 4-10-2。其中，"生肖圆盘"角色用于在主页面显示慢慢转动的
生肖圆盘，单击该角色后进入生肖选择页面；"生肖"角色提供 12 个生肖造型，用于绘制生
肖选择页面；"有按钮"和"没有按钮"角色用于供玩家选择答案；"标题"按钮起辅助作用。

图 4-10-2　角色列表

该作品主要是对"生肖"角色进行编程，下面对核心功能进行说明。

（1）显示生肖选择页面。

如图 4-10-3 所示，"生肖"角色在接收到"显示生肖分组"消息后，通过增加"分组编号"
变量的值，并调用"显示生肖"过程显示 4 组生肖以供玩家选择。之后，调用"显示结果"过程
将计算结果显示出来。

在"显示生肖"过程中，根据"分组编号"变量的值从"屏幕展示"列表中取出一组生肖的
名字（对应生肖造型的名字），然后调用"画出生肖"过程从"生肖"角色的造型列表中选择生
肖造型图片，并将其绘制在舞台上。

（2）玩家选择生肖。

在生肖选择页面，提供"有"和"没有"两个按钮供玩家选择。如果玩家的生肖在显示的
一组生肖之中，就单击"有"按钮，否则单击"没有"按钮。如图 4-10-4 所示，当玩家单击"有"

按钮后,将根据"分组编号"变量的值从"分组数值"列表中取出该组生肖对应的数字,并将其累加到"生肖排行"变量中。最后,根据"生肖排行"变量的值即可确定玩家的生肖。如果玩家单击"没有"按钮,则不需要增加"生肖排行"变量的值。

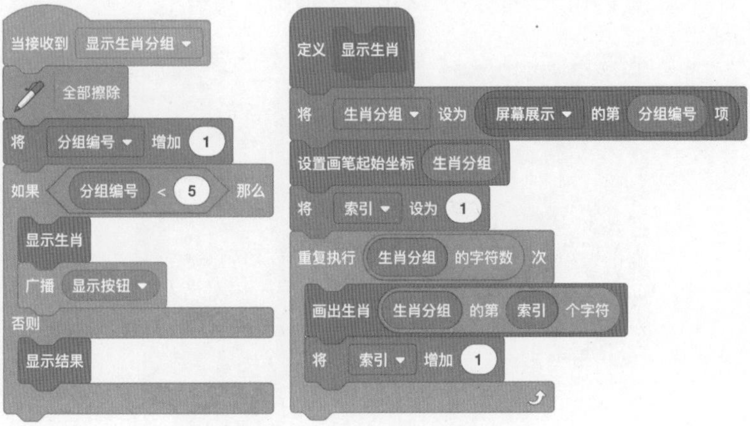

图 4-10-3 显示生肖选择页面

图 4-10-4 处理玩家单击"有"按钮

（3）显示计算结果。

如图 4-10-5 所示,在"显示结果"过程中,判断如果"生肖排行"变量的值在 1～12 就是有效输入,那么就广播"显示计算结果"消息以显示玩家的生肖;否则,就是无效输入,那么

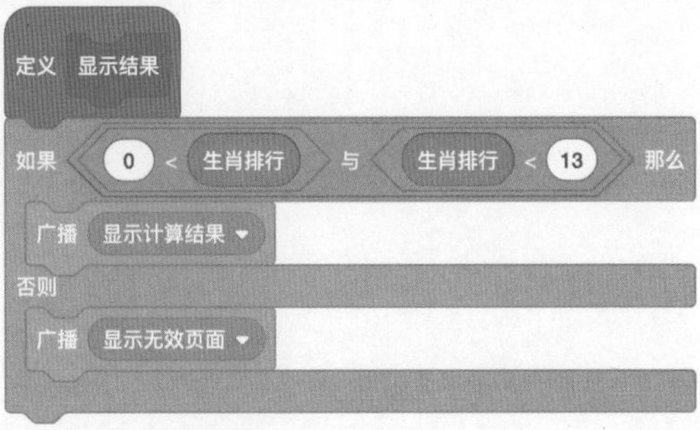

图 4-10-5 "显示结果"过程的代码

就广播"显示无效页面"消息以显示一个提示玩家选择无效的页面。

如图 4-10-6 所示，在处理"显示计算结果"消息时，先调用"随机显示生肖"过程播放一个生肖变换的动画，然后根据"生肖排行"变量的值从"十二生肖"列表中取出生肖名字并切换到对应的生肖造型，最后用"图章"积木将生肖造型画在舞台上。

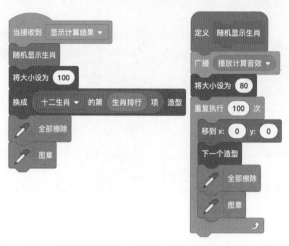

图 4-10-6　显示玩家的生肖

该作品的其他代码限于篇幅未能列出和说明，请在该作品的模板文件中查看代码和阅读注释。

第5章 数学可视化

5.1 用七巧板演示勾股定理

作品描述

该游戏作品使用两副七巧板演示"勾＝股"情况下的勾股定理,作品效果见图 5-1-1。两副规格相同的七巧板被散乱地分布在舞台上,玩家将 14 块小板拼成一个大正方形和两个小正方形,刚好可以构成一个勾股定理图。操作方式:用鼠标拖动小图形块放到适当位置,或者单击小图形块使其旋转方向。

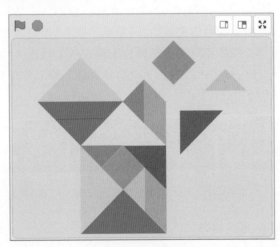

图 5-1-1 作品效果图

创作思路

创建一个"七巧板"角色,将三角形、正方形、平行四边形等不同形状或大小的 7 块小板作为其造型。然后,通过克隆方式生成 14 个七巧板的克隆体(即两副七巧板),它们可以被拖动或旋转。另外,再加上用键盘的 4 个方向键同时平移所有七巧板克隆体的功能,以方便玩家的操作。

编程实现

先观看资源包中的作品演示视频 5-1. mp4，再打开模板文件 5-1. sb3 进行项目创作。

在该作品的模板文件中已经预置了"七巧板"角色及其 7 块小板的造型，可使用绘图编辑器对各个造型进行修改，如调整大小、更换颜色等。在该作品中，只需要对"七巧板"角色进行编程。

（1）编写创建七巧板克隆体的代码（见图 5-1-2）。

图 5-1-2　创建七巧板克隆体

项目运行后，用克隆积木生成两副七巧板共 14 个"七巧板"角色的克隆体。从造型列表的第一个造型开始，依次切换下一个造型，为每个克隆体指定一个造型。

当克隆体启动后，调用"将拖动模式设为'可拖动'"积木，使得各个克隆体在全屏模式下可以用鼠标拖动、摆放。同时，将克隆体移到舞台上任意位置显示。

当克隆体角色被单击后，每次让其右转 45 度，以旋转到合适的摆放方向。

（2）编写整体移动七巧板的代码（见图 5-1-3）。

图 5-1-3　用键盘方向键整体移动七巧板

为了方便玩家的操作，定义键盘上的 4 个方向键，分别控制所有的七巧板克隆体向上、下、左、右 4 个方向移动，每次移动一个单位。

5.2　三角形内角和为 180 度

作品描述

该动画作品用于演示三角形内角和为 180 度，作品效果见图 5-2-1。如图 5-2-1(a)所示，这是初始状态时的三角形。利用平行线的性质，将 B 角平移到 A 角位置，得到一个相等的同位角；将 C 角旋转 180 度后平移到 A 角位置，得到一个相等的内错角。如图 5-2-1(b)所示，把三个内角组合在一起，一个是原始角，一个是同位角，一个是内错角，刚好是 180 度。

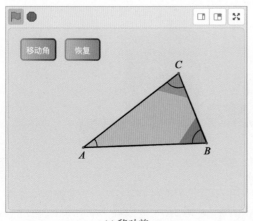 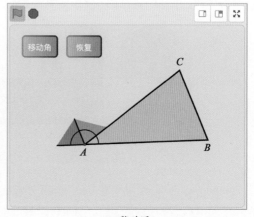

(a) 移动前　　　　　　　　　　　　(b) 移动后

图 5-2-1　作品效果图

创作思路

该作品主要实现利用平行线的性质演示三角形内角和为 180 度的功能。分别为 B 角和 C 角创建单独的角色，再创建一个锚点"A 点"色放置在 A 角位置。单击"移动角"按钮，使用平滑运动积木将"B 角"角色平移到 A 点，"C 角"角色左转 180 度后再平移到 A 点。单击"恢复"按钮，将"B 角"和"C 角"角色恢复到初始状态。

编程实现

先观看资源包中的作品演示视频 5-2.mp4，再打开模板文件 5-2.sb3 进行项目创作。

在该作品的模板文件中，已经预置了"三角形""B 角""C 角""A 点"等角色，如图 5-2-2 所示。

图 5-2-2　角色列表

单击"移动角"按钮，将依次广播消息"恢复"和"移动角"；单击"恢复"按钮，将广播消息"恢复"。在"B 角"角色和"C 角"角色中分别接收消息"恢复"和"移动角"，并进行相应处理。

（1）编写"B 角"角色的代码（见图 5-2-3）。

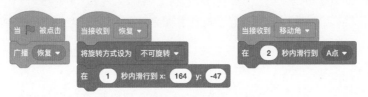

图 5-2-3　"B 角"角色的代码

（2）编写"C 角"角色的代码（见图 5-2-4）。

图 5-2-4 "C 角"角色的代码

为了能够看到 C 角左转 180 度的过程，使用一个循环结构控制 C 角的旋转，每次左转 9 度，重复执行 20 次。如果使用"左转 180 度"积木控制 C 角旋转，则无法看到旋转的过程。

5.3 多边形外角和为 360 度

作品描述

该动画作品用于演示多边形外角和为 360 度，作品效果见图 5-3-1。如图 5-3-1(a)所示，在舞台上通过滑杆调整"边数"变量的值为 6，将实时绘制出一个红色的正六边形，外角的位置用蓝色延长线和绿色弧线标明。然后，通过滑杆将"边长"变量的值不断调小，正六边形也随之变小。如图 5-3-1(b)所示，当边长为 0 时，正六边形变成了一个小红点，绿色弧线围成了一个圆，即这些多边形的外角加起来等于 360 度。

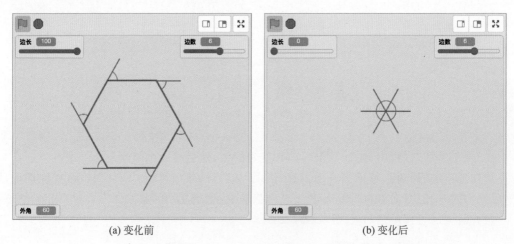

(a) 变化前   (b) 变化后

图 5-3-1 作品效果图

创作思路

创建一个可根据边数绘制正多边形的过程，并且各边画出延长线和用弧线标注外角。通过舞台上放置滑杆变量"边数"和"边长"，可动态绘制不同大小的多边形。当边长为 0 时，通过观察标注外角的弧线围成一个圆,可直观地看到多边形的外角和为 360 度。

编程实现

先观看资源包中的作品演示视频 5-3.mp4,再打开模板文件 5-3.sb3 进行项目创作。

该作品不需要角色造型,完全使用画笔积木绘制,下面对核心功能进行说明。

(1)编写主程序和"画正多边形"过程的代码(见图 5-3-2)

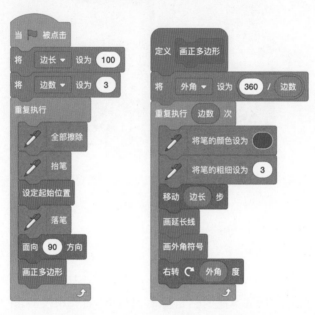

图 5-3-2 主程序和"画正多边形"过程的代码

在主程序中,设置"边长"变量和"边数"变量的初始值,然后在一个循环结构中不断调用"画正多边形"过程在舞台上绘制出由"边长"和"边数"变量设定的正多边形。在绘制正多边形之前,需要调用"设定起始位置"过程设定画笔的起始位置,以使画出的图形处于舞台中间区域。

另外,需要在舞台上显示"边长"和"边数"这两个变量,并调整为滑杆模式。这样可以动态地调整正多边形的大小和形状,实现演示"多边形外角和为 360 度"的目的。

在"画正多形"过程中,先计算出"外角"变量的值,然后移动画笔绘制出一个红色的正多边形及其延长线、外角符号。

(2)编写画延长线和外角符号的代码(见图 5-3-3)。

在"画延长线"过程中,绘制出一条长度为 50 的蓝色线段作为延长线。画完延长线之后,控制画笔后退 50 步,接着调用"画外角符号"过程以极坐标的方式绘制出由"外角"变量指定的一段绿色的圆弧线作为外角符号。

该作品的其他代码限于篇幅未能列出和说明,请在该作品的模板文件中查看代码和阅读注释。

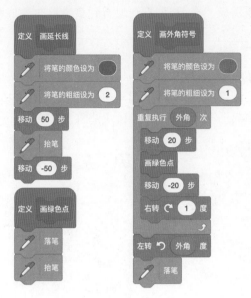

图 5-3-3　画延长线和外角符号的代码

5.4　同底等高的三角形面积相等

?　作品描述

　　该动画作品用于演示"同底等高的三角形面积相等"的等积模型，作品效果见图 5-4-1。按下鼠标键并移动鼠标，顶点 A 跟随鼠标指针在蓝色的线段上水平移动，并在两条平行线中不断地画出新的三角形，这些三角形都是同底等高的。根据三角形的面积计算公式可知，如果两个三角形具有相同的底和高，那么它们的面积也一定相等。

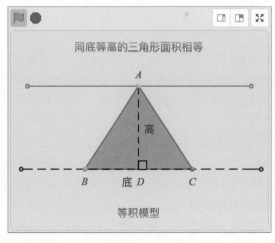

图 5-4-1　作品效果图

创作思路

在两条平行线中画一个三角形,顶点 A 位于上面的平行线,顶点 B、C 位于底部的平行线。顶点 A 跟随鼠标指针在水平方向上移动,并实时画出三角形,同时标注三角形的高。这样可以实时地看到三角形的变化,从而直观地认识到"同底等高的三角形面积相等"。

编程实现

先观看资源包中的作品演示视频 5-4.mp4,再打开模板文件 5-4.sb3 进行项目创作。

在该作品的模板文件中,已经预置 A、B、C、D 等角色,如图 5-4-2 所示。其中,A、B、C 三个角色是三角形的 3 个顶点,D 角色是三角形的高,"三角形"角色用于绘制三角形并填充为绿色。

图 5-4-2　角色列表

（1）编写 A 角色的代码（见图 5-4-3）。

图 5-4-3　A 角色的代码

当项目运行后,将 A 角色移到坐标(0,80)处,然后广播"移动 A 点"消息以通知其他角色协调动作。之后,调用"跟随鼠标移动"过程侦测鼠标按键状态和位置并作出相应处理。如果在 x 坐标为 -200 到 200 的范围内按下鼠标键,那么就将 A 角色的 x 坐标设为鼠标的 x 坐标,从而让 A 角色跟随鼠标指针移动;否则,就将 A 角色限制在 x 坐标为 -200 或 200 的位置。然后,广播"移动 A 点"消息以通知其他角色协调动作。

（2）编写"三角形"角色的代码（见图 5-4-4）。

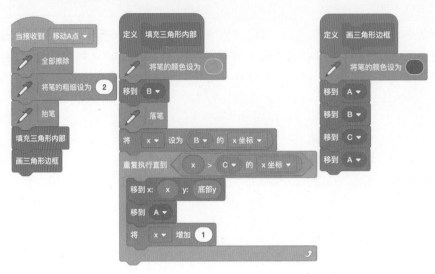

图 5-4-4　"三角形"角色的代码

"三角形"角色在接收到"移动 A 点"消息后，依次调用"填充三角形内部"过程和"画三角形边框"过程，绘制出一个内部为绿色、边框为深绿色的三角形，该三角形的三个顶点的坐标分别为 A、B、C 三个角色的坐标。

（3）编写 D 角色的代码（见图 5-4-5）。

图 5-4-5　D 角色的代码

D 角色是三角形的高，用虚线表示，与三角形的顶点 A 角色的 x 坐标一致。当接收到"移动 A 点"消息后，将 D 角色的 x 坐标设为 A 角色的 x 坐标，使其跟随 A 角色水平移动。

该作品的其他代码限于篇幅未能列出和说明，请在该作品的模板文件中查看代码和阅读注释。

5.5　图解金字塔数列求和

作品描述

该动画作品以图形化方式演示金字塔数列求和的方法，作品效果见图 5-5-1。金字塔数列是数列中的数字按照金字塔形状排列。使用数形结合的方法，数列 $1+2+3+4+5+4+3+2+1$ 可以用 25 个方块排列成金字塔形状，然后通过对部分方块进行平移操作，重新排列成一个 5×5 规格的正方形。通过观察变换后的图形，很容易就知道数列的和为 $5\times5=25$。

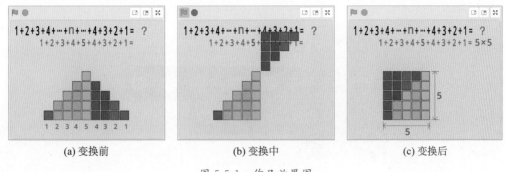

$$1+2+3+4+\cdots+n+\cdots+4+3+2+1 = ?$$
$$1+2+3+4+5+4+3+2+1 = $$
(a) 变换前

$$1+2+3+4+\cdots+n+\cdots+4+3+2+1 = ?$$
$$1+2+3+4+5+\cdots = $$
(b) 变换中

$$1+2+3+4+\cdots+n+\cdots+4+3+2+1 = ?$$
$$1+2+3+4+5+4+3+2+1 = 5\times5$$
(c) 变换后

图 5-5-1　作品效果图

创作思路

　　根据数列中的数字生成对应数量的方块并排列成金字塔形状,然后将右半部分的方块变换位置,与左半部分的方块组成一个正方形。变换位置时采用平滑移动的方式,以获得好的视觉效果。

编程实现

　　先观看资源包中的作品演示视频 5-5.mp4,再打开模板文件 5-5.sb3 进行项目创作。

　　该作品用到的角色见图 5-5-2。其中最重要的是"方块"角色,核心功能在该角色中实现,其他角色用于显示数列的算式、标注文字等辅助信息。

图 5-5-2　角色列表

　　项目运行后,将调用"演示金字塔数列"过程,从第 1 个金字塔数列"121"开始演示,直到第 4 个金字塔数列"123454321"。在"演示金字塔数列"过程中,将调用"画金字塔数列方阵"过程和"创建方块条"过程,根据给定数列创建若干个克隆体,组成演示数列的初始图形。图 5-5-1(a)展示的就是演示第 4 个金字塔数列"123454321"时的初始图形。之后,将对这个图形进行坐标变换和移动位置,使其变成图 5-5-1(c)展示的变换后的图形。

　　在该作品中,最重要的就是对方块克隆体进行坐标变换。以演示第 4 个金字塔数列"123454321"为例,对核心功能进行介绍。

　　(1) 计算初始位置的坐标。

　　当方块克隆体被创建后,将调用"移到初始位置"过程,根据克隆体 ID 计算出它在初始图形中的坐标,并移到该位置。这时得到的初始图形呈金字塔形状,如图 5-5-1(a)所示。

　　如图 5-5-3 所示,计算方块克隆体在初始图形(金字塔)中的坐标需要用到"中间""批次"和 ID 这 3 个变量。

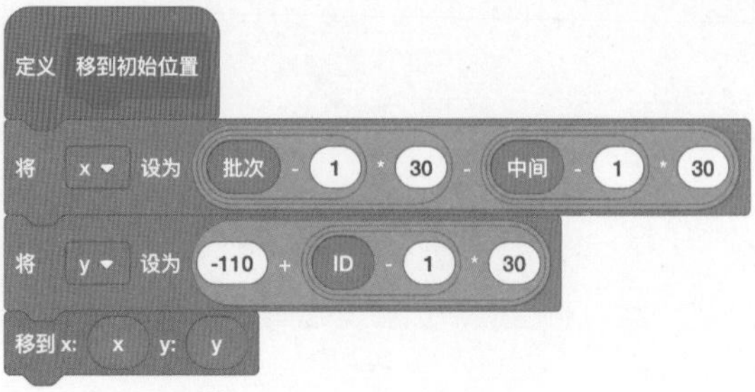

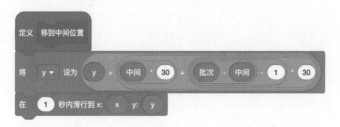

图 5-5-3 "移到初始位置"过程的代码

"中间"变量是全局变量,表示数列中最大数在数列中的位置。例如,数列"123454321"中最大数是 5,则"中间"变量的值就是 5。

"批次"变量是私有变量,表示某个方块克隆体是第几批被创建的,也表示该方块克隆体对应于数列中的第几个数字。在创建方块克隆体时,按照数列"123454321"中数字顺序进行。第 1 批克隆体根据数列中第 1 个数字创建出 1 个克隆体,第 2 批根据第 2 个数字创建出 2 个克隆体,依此类推。

ID 变量是私有变量,用于区分各个方块克隆体。每一批创建的克隆体的 ID 值,都从 1 开始分配。

方块造型图片的大小为 29×29,计算坐标时取 30 进行计算,使方块之间有一定间隔,可自行调整。计算 x 坐标时减去"(中间-1) * 30"部分的值,使整个图形居于舞台中间位置。计算 y 坐标时取-110,是从舞台底部 y 坐标-100 开始向上排列方块克隆体。

(2)计算中间位置的坐标。

在初始图形显示完成后对其进行变换,将处于金字塔塔尖后面的若干列方块克隆体向上移动到变换的中间位置,通过调用"移到中间位置"过程,计算出这部分克隆体的 y 坐标,并向上平滑移动到该位置,变为如图 5-5-1(b)所示图形。

如图 5-5-4 所示,计算方块克隆体中间位置的 y 坐标是在原有 y 坐标的基础上增加一个距离,使得向上移动的各列方块按顶部对齐。算式中"中间 * 30"部分计算出塔尖方块的高度位置,这是要增加的最小距离,还要加上各批克隆体各自需要移动的距离,由算式中"(批次-中间-1) * 30"部分算出。

图 5-5-4 "移到中间位置"过程的代码

(3)计算变换后位置的坐标。

在对图形的中间变换完成后,将调用"移到变换后位置"过程,计算出这些处于中间位置的方块克隆体变换后的坐标,并平滑移动到该位置。这时得到的图形呈正方形,如图 5-5-1(c)所示。

如图 5-5-5 所示,计算处于中间位置的方块克隆体在正方形图形中的坐标是在原有 x 坐标和 y 坐标的基础上各自减少一个距离,使这些方块克隆体向左下角移动,与金字塔图形的左半部分组成一个正方形。

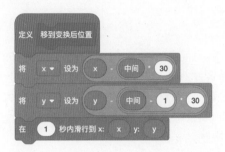

图 5-5-5　"移到变换后位置"过程的代码

该作品的其他代码限于篇幅未能列出和说明,请在该作品的模板文件中查看代码和阅读注释。

5.6　用筛选法求质数

作品描述

该动画作品演示用筛选法求质数的过程,作品效果见图 5-6-1。在舞台上生成从 2 到 99 的数字表格,然后删除 2 的倍数(不包括 2),删除 3 的倍数(不包括 3)……以此类推,最后剩下的全是质数。

图 5-6-1　作品效果图

创作思路

将从 1 到 99 的数字加入列表，并创建对应数字造型的一批数字克隆体，将它们排列成 10 行 10 列的数字阵列。接着，将 1 从列表中替换为空串，删除数字 1 克隆体。然后，从 2 开始处理，分批删除所有的合数和相应的数字克隆体。最后，将数字阵列中剩下的所有质数重新排列在一起。

编程实现

先观看资源包中的作品演示视频 5-6.mp4，再打开模板文件 5-6.sb3 进行项目创作。

在该作品的模板文件中已经预置了一个"数字"角色，它有从 1 到 99 的数字造型，用于在舞台上以克隆体的形式显示各个数字；另有一个"主程序"角色，用于编写该作品的主程序，向"数字"角色发送处理数据的消息。

（1）编写"主程序"角色的代码（见图 5-6-2）。

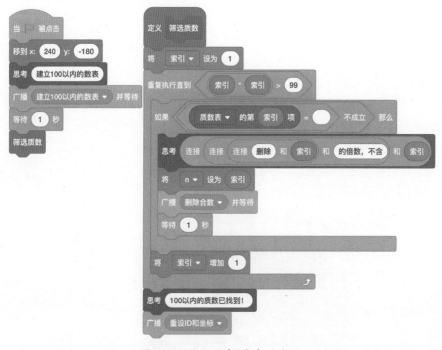

图 5-6-2 "主程序"角色的代码

在主程序中，先广播"建立 100 以内的数表"消息以通知"数字"角色建立一个数表并在舞台上以表格形式显示各个数字；然后调用"筛选质数"过程多次广播"删除合数"消息以通知"数字"角色分批次地删除合数；最后发送"重设 ID 和坐标"消息以通知"数字"角色将保留下来的质数重新排列整齐。

"主程序"角色不需要造型，被放置在舞台右下角以显示各种提示信息。

（2）编写"数字"角色的代码。

如图 5-6-3 所示，"数字"角色在接收到"建立 100 以内的数表"消息后，将删除"质数表"列表中的全部项目，然后将 1 到 99 的数字加入"质数表"列表，并创建对应的数字克隆体。

即 1 到 99 的数字也被分配为各个数字克隆体的私有变量 ID 的值。

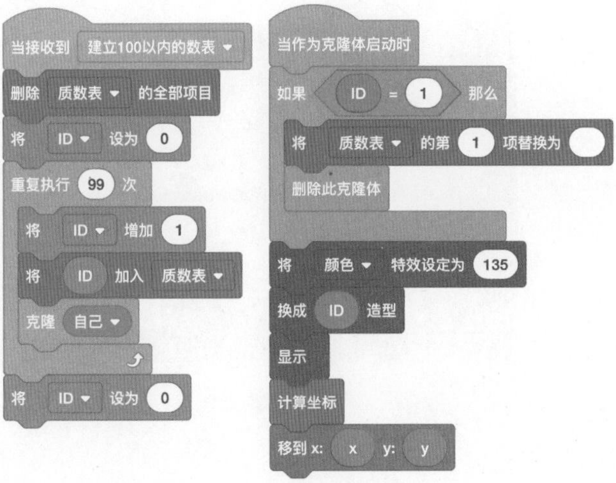

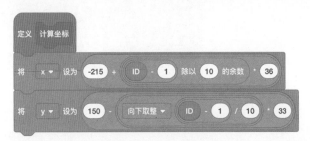

图 5-6-3　建立数表和生成数字克隆体

当数字克隆体启动时,ID 值为 1 的克隆体将被删除,质数表中的元素也被替换为空。因为 1 不是质数也不是合数,所以要删除。其他数字克隆体将根据自身 ID 值切换为相应的数字造型,同时调用"计算坐标"过程根据 ID 值计算出在舞台上的坐标并移到该位置。

如图 6-6-4 所示,在"计算坐标"过程中,根据各个数字克隆体的 ID 值计算它们在舞台上的坐标,使它们以 10 行 10 列的规格从坐标(−215,150)处开始整齐排列。各个数字造型的大小为 34×31,计算时取 36 和 33,使各个数字排列显示时有一定间隔。

图 5-6-4　计算数字克隆体的坐标

如图 5-6-5 所示,数字克隆体在接收到"删除合数"消息后,将根据全局变量 n 的值判断克隆体 ID 值是否为合数,如果是,就删除该克隆体,同时"质数表"列表中的对应数字也被替换为空串。例如,当 n 值为 2 时,ID 值能被 2 整除并且 ID 值不等于 2 的数字克隆体将会被删除。

如图 5-6-6 所示,当数字克隆体在接收到"重设 ID 和坐标"消息后,先将调用"重设 ID"过程为保留下来的质数克隆体从 1 开始重新分配 ID 值,再调用"计算坐标"过程重新计算坐标,从而使这些筛选出来的质数克隆体排列整齐。

该作品的其他代码限于篇幅未能列出和说明,请在该作品的模板文件中查看代码和阅读注释。

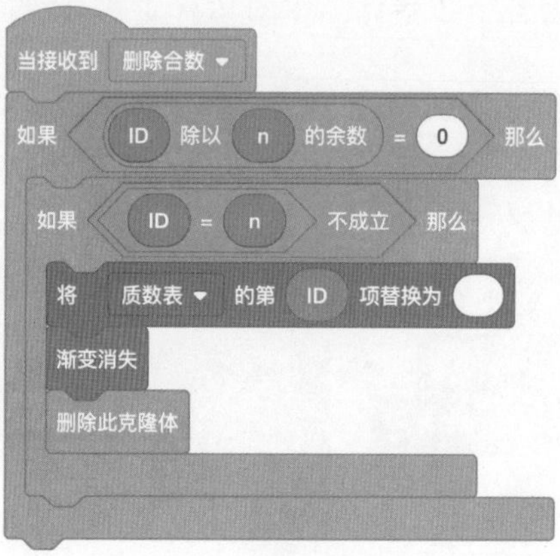

图 5-6-5　删除合数克隆体

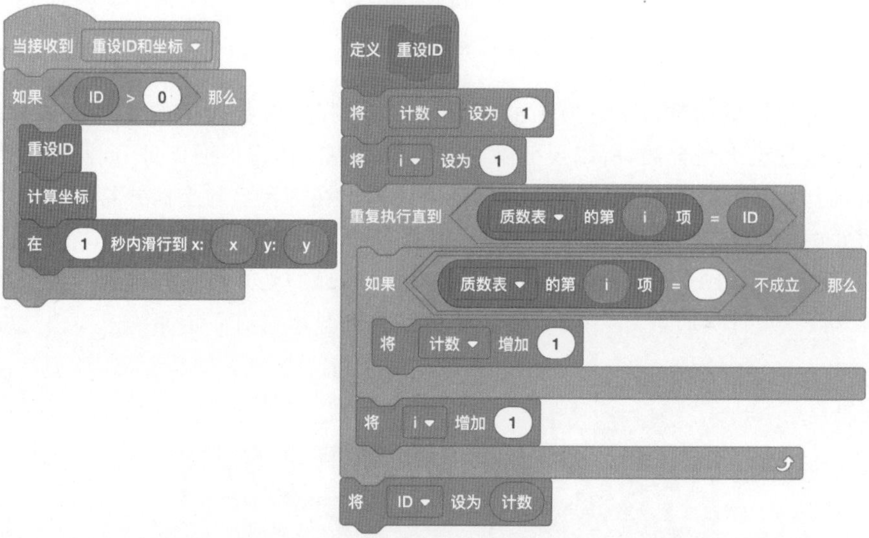

图 5-6-6　重设数字克隆体的 ID 和坐标

5.7　青朱出入图

作品描述

　　该动画作品演示"青朱出入图"证明勾股定理的方法，作品效果见图 5-7-1。这是魏晋时期数学家刘徽根据"割补术"运用数形关系证明"勾股定理"的几何证明法，其法富有东方智慧，特色鲜明、通俗易懂。刘徽描述此图，"勾自乘为朱方，股自乘为青方，令出入相补，各从其类，因就其余不动也，合成弦方之幂。开方除之，即弦也。"其大意为，一个直角三角形，以勾为边的正方形为朱方，以股为边的正方形为青方，引弦为正方形切割朱方和青方，多出的部分正好补足弦方的缺亏。弦方再开方即为弦长。

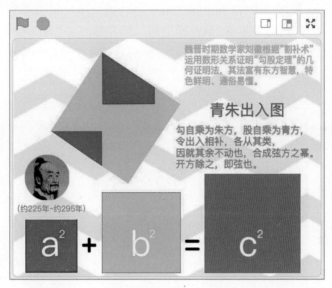

图 5-7-1　作品效果图

💡 **创作思路**

按照"青朱出入图"的证明方法制定演示流程,采用画笔绘图和角色造型结合的方式实现动画演示。

📋 **编程实现**

先观看资源包中的作品演示视频 5-7.mp4,再打开模板文件 5-7.sb3 进行项目创作。

该作品用到的角色见图 5-7-2。其中,"主程序"角色用于控制整个演示的流程;"画图"角色用于绘制直角三角形和正方形;"a2""b2""c3"等角色用于展示青朱出入图的割补操作;其他角色用于显示公式、说明文字等辅助信息。

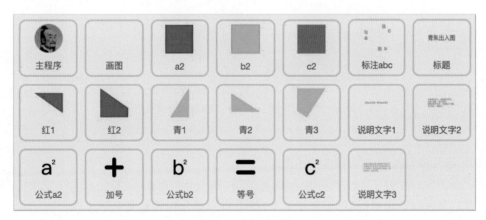

图 5-7-2　角色列表

(1)"主程序"角色。

如图 5-7-3 所示,在"主程序"角色的代码中,通过广播消息的方式实现对整个演示流程的控制。项目运行后，依次广播"准备工作""第一步""第二步""第三步""公式归位"5个消息以通知各角色协调动作。其中，在"第一步""第二步""第三步"这3个消息之下又分解为更详细的消息。这是利用广播消息实现的模块化编程，将一个大任务分解为多个小任务，从而实现分而治之。

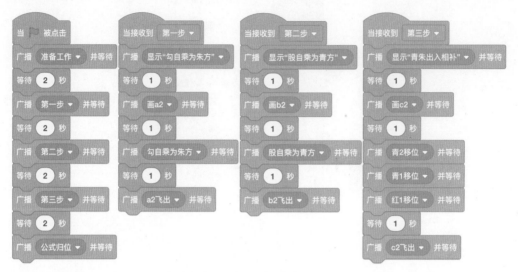

图 5-7-3　"主程序"角色的代码

（2）进行准备工作。

由"画图""标注abc"等角色负责处理"准备工作"消息，主要完成设置画笔、计算直角三角形斜边 c 和角 a、画直角三角形及显示直角三角形标注等工作。部分角色的代码见图5-7-4。

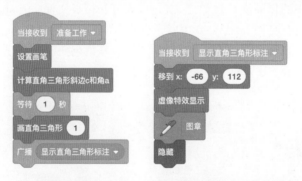

(a)　"画图"角色的代码　　　　(b)　"标注abc"角色的代码

图 5-7-4　处理"准备工作"消息的部分代码

（3）第一步：演示"勾自乘为朱方"。

由"画图""a2""红1""红2"等角色负责处理"第一步"消息，主要完成画 a 边的正方形（即朱方）、显示"a2"角色（红色正方形造型）等工作。部分代码见图5-7-5。

（4）第二步：演示"股自乘为青方"。

由"画图""b2""青1""青2""青3"等角色负责处理"第二步"消息，主要完成画 b 边的正方形（即青方）、显示"b2"角色（青色正方形造型）等工作。部分角色的代码见图5-7-6。

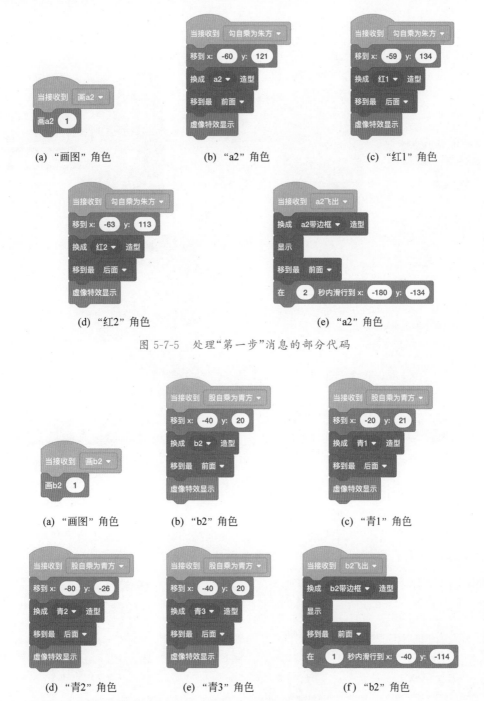

图 5-7-5　处理"第一步"消息的部分代码

图 5-7-6　处理"第二步"消息的代码

（5）第三步：演示"青朱出入相补"。

由"画图""c2""青 1""青 2""红 1"等角色负责处理"第三步"消息，主要完成画 c 边的正方形（即弦方）、青朱出入相补、隐藏直角三角形等工作。部分角色的代码见图 5-7-7。

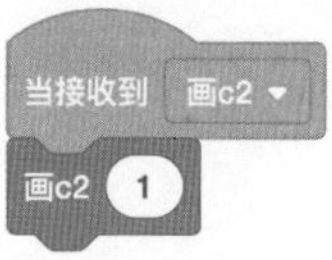

(a) "画图"角色 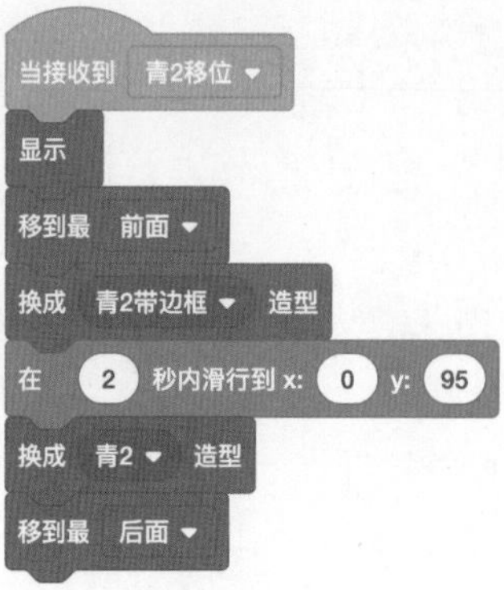　　　　(b) "青2"角色 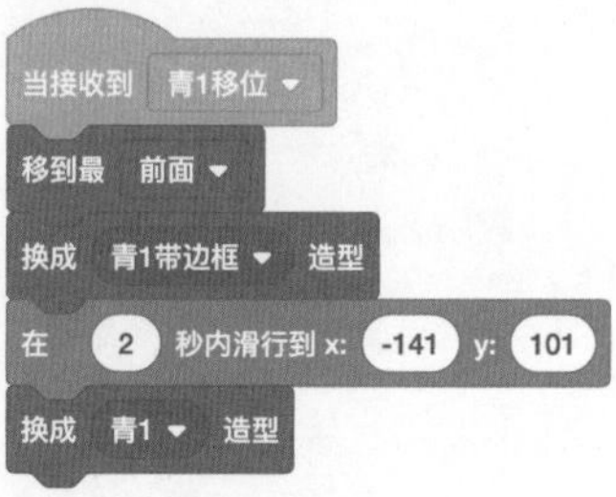　　　　(c) "青1"角色

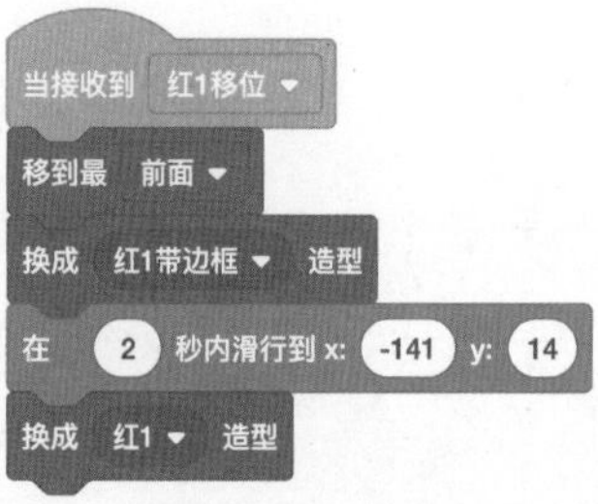

(d) "红1"角色 　　　　　　(e) "c2"角色

图 5-7-7　处理"第三步"消息的代码

（6）将勾股定理公式放到正方形中。

由"公式 a2""公式 b2""公式 c2"等角色负责处理"公式归位"消息，主要完成将勾股定理公式平滑移动到舞台底部的正方形中。部分角色的代码见图 5-7-8。

(a) "公式a2"角色　　　　(b) "公式b2"角色　　　　(c) "公式c2"角色

图 5-7-8　处理"公式归位"消息的部分代码

该作品的其他代码限于篇幅未能列出和说明，请在该作品的模板文件中查看代码和阅读注释。

5.8 冰雹猜想折线图

作品描述

该作品用折线图动态展示数字黑洞"冰雹猜想"的数字迭代情况,作品效果见图 5-8-1。"冰雹猜想"的规则:对任意一个自然数 n,如果它是奇数,则对它乘 3 再加 1;如果它是偶数,则对它除以 2。如此反复运算,最终都能够得到 1。例如,输入自然数 27 进行数字迭代,将会产生 111 个数字,最后一个数字是 1。在迭代过程中,这些数字将表现为折线图中折线上一系列的点。通过观察动态绘制的折线图,可以直观地看到迭代数字的剧烈波动情况。

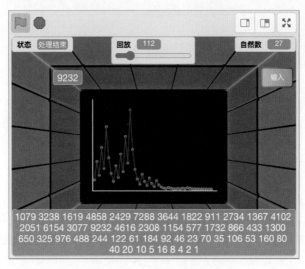

图 5-8-1 作品效果图

创作思路

在"冰雹猜想"的数字迭代过程中,将产生的数字不断地加入列表中,同时从列表中取出最新加入的一批数字,用来绘制折线图,以实时反映数字迭代的情况。

编程实现

先观看资源包中的作品演示视频 5-8.mp4,再打开模板文件 5-8.sb3 进行项目创作。

项目运行后,单击舞台上的"输入"按钮,在询问框中输入一个自然数后,将会调用"冰雹猜想"过程进行数字迭代,这个过程中产生的数字将会以折线图的形式呈现在舞台上。

(1) 进行数字迭代并记录数据。

如图 5-8-2 所示,在"冰雹猜想"过程中,先调用"记录冰雹数"过程将要进行变换操作的数字记录到"冰雹数"列表中,然后以递归调用的方式调用"冰雹猜想"过程进行数字变换操作,直到迭代数字变成 1 为止。

在"记录冰雹数"过程中,在记录冰雹数之后,会调用"画冰雹数变化图"过程,根据"冰雹数"列表中最新加入的一批数据绘制出动态的折线图。

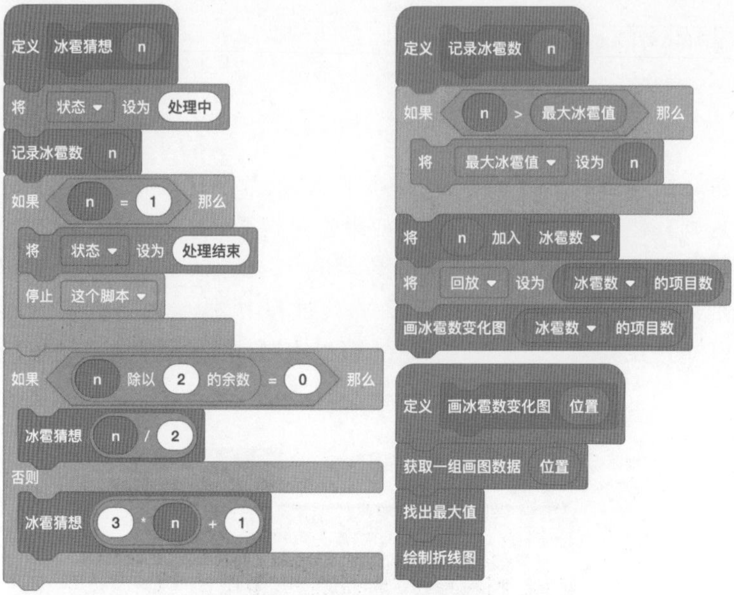

图 5-8-2　进行数字迭代并记录数据

（2）获取绘图数据。

在"画冰雹数变化图"过程中，依次调用"获取一组画图数据"过程、"找出最大值"过程和"绘制折线图"过程，获取最新加入的一批数据并绘制折线图。

如图 5-8-3 所示，在"获取一组画图数据"过程中，先按照由"数据长度"变量设定的数值从"冰雹数"列表中获取最新加入的一批数据存放到"画图序列"列表中，然后将这批数据显示在舞台上的"一组画图数据"变量（调整为大字显示模式）中，让人看到迭代数字的快速变化。

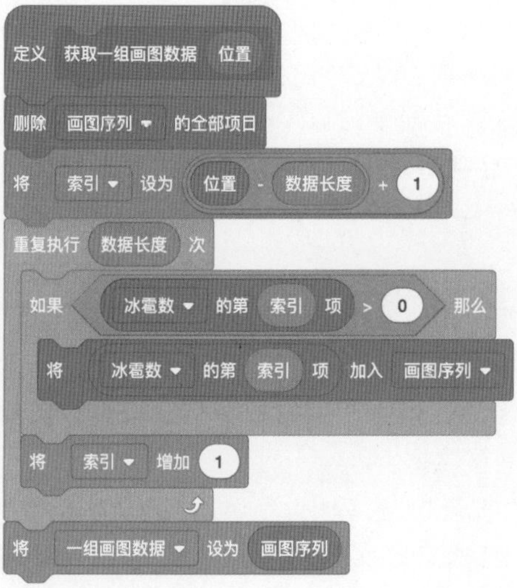

图 5-8-3　"获取一组画图数据"过程的代码

如图 5-8-4 所示,在"找出最大值"过程中,从"画图序列"列表中找出最大的一个数存放在"当前最大数"变量中。该数用来计算折线图中代表数字的圆点的 y 坐标。

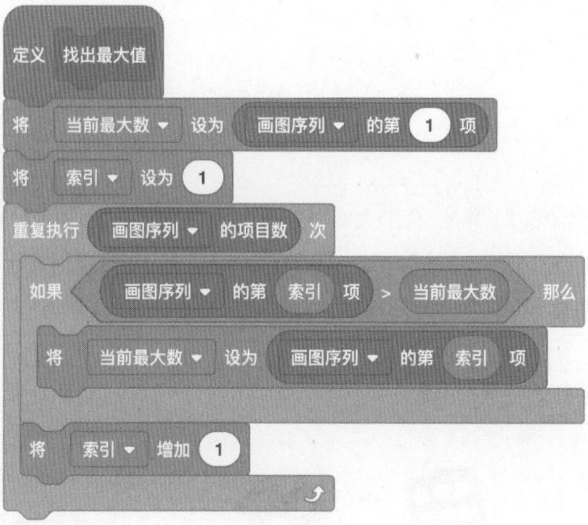

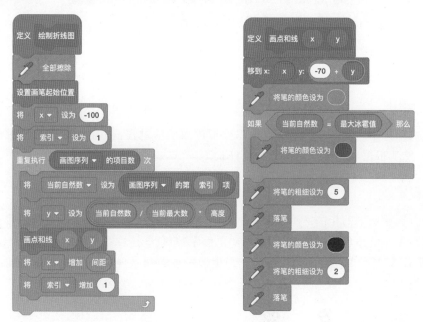

图 5-8-4 "找出最大值"过程的代码

(3) 绘制折线图。

如图 5-8-5 所示,在"绘制折线图"过程中,先调用"设置画笔起始位置"过程将画笔移到绘图的起始坐标,然后读取"画图序列"列表中的各个数字,并调用"画点和线"过程以点和线的形式将这些数字表现成折线图。在绘制折线图时,以"画图序列"列表的最大数字作为参照,计算出各个圆点的 y 坐标。最大数字画红色圆点,其他数字画深绿色圆点,各点之间用绿色线段连接。

图 5-8-5 绘制折线图的代码

该作品的其他代码限于篇幅未能列出和说明，请在该作品的模板文件中查看代码和阅读注释。

5.9 掷骰子柱状图

？ 作品描述

该作品用柱状图动态展示掷 2 个骰子产生的点数和的分布概率，作品效果见图 5-9-1。模拟投掷 2 个骰子 1000 次，将两个骰子点数之和出现的次数以柱状图的形式动态地展示出来，从而可以直观地观察各数字出现的概率。

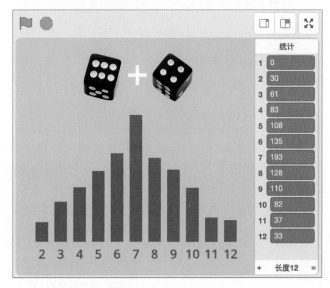

图 5-9-1　作品效果图

💡 创作思路

用随机数积木生成两个骰子的点数以模拟掷骰子的过程，将两个骰子的点数之和存放在列表中，然后根据列表数据动态地绘制柱状图。

📋 编程实现

先观看资源包中的作品演示视频 5-9.mp4，再打开模板文件 5-9.sb3 进行项目创作。

该作品用到的角色见图 5-9-2。其中，"主程序"角色广播掷骰子的消息和统计掷骰子的数据；"骰子 A"角色和"骰子 B"角色用于产生骰子点数和呈现掷骰子的动画效果；"画图"角色用于根据列表数据动态绘制柱状图；其他角色用于显示公式等辅助信息。

图 5-9-2　角色列表

（1）编写主程序和"掷骰子"过程的代码（见图5-9-3）。

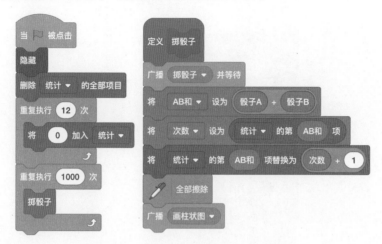

图 5-9-3　主程序和"掷骰子"过程的代码

在"主程序"角色中，先将用于记录掷骰子数据的"统计"列表清空，再将 12 个 0 加入列表中，以完成对"统计"列表的初始化。然后，重复调用"掷骰子"过程 1000 次，以模拟掷骰子的操作，并将掷骰子数据更新到"统计"列表中。之后，广播"画柱状图"消息以通知"画图"角色根据统计数据动态地绘制出柱状图。

（2）编写骰子角色的代码。

如图 5-9-4 所示，"骰子 A"角色在接收到"掷骰子"消息后，从 6 个造型中随机选择一个，并将造型编号（即骰子点数）作为"骰子 A"变量的值。图 5-9-5 是"骰子 B"角色的代码，骰子点数记录在"骰子 B"变量中。

图 5-9-4　"骰子 A"角色的代码

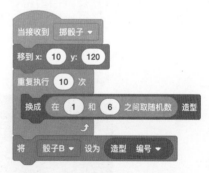

图 5-9-5　"骰子 B"角色的代码

（3）编写画柱状图的代码（见图 5-9-6）。

"画图"角色在接收到"画柱状图"消息后，调用"画柱状图"过程根据"统计"列表中掷骰子的数据，快速地绘制出反应两个骰子点数和分布情况的柱状图。

该作品的其他代码限于篇幅未能列出和说明，请在该作品的模板文件中查看代码和阅读注释。

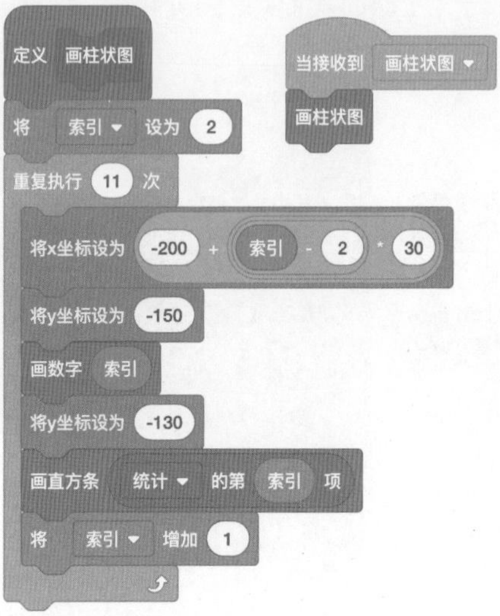

定义 画柱状图

当接收到 画柱状图

将 索引 ▾ 设为 2

画柱状图

重复执行 11 次

将x坐标设为 -200 + 索引 - 2 · 30

将y坐标设为 -150

画数字 索引

将y坐标设为 -130

画直方条 统计 ▾ 的第 索引 项

将 索引 ▾ 增加 1

图 5-9-6 "画柱状图"过程的代码

5.10 玫瑰曲线图谱

作品描述

该作品通过网格形式展示玫瑰曲线图谱，作品效果见图 5-10-1。玫瑰曲线的极坐标方程是 $\rho = a \cdot \sin(n\theta)$，曲线的形状由参数 a、n 和 θ 决定，分别控制叶子大小、叶子数量和曲线闭合周期。当在有理数范围内讨论参数 n 时，可通过公式 $n = \dfrac{p}{q}$ 来确定玫瑰曲线的叶子数和闭合周期。n 为非整数的有理数，$\dfrac{p}{q}$ 为最简分数，p 控制叶子数，q 控制闭合周期。玫

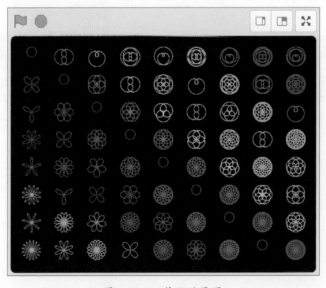

图 5-10-1 作品效果图

瑰曲线的参数特性：当 p 和 q 仅有一个是偶数时，则闭合周期为 $2q\pi$，叶子数为 $2p$；当 p 和 q 都是奇数时，则闭合周期为 $q\pi$，叶子数为 p。在图 5-10-1 展示的玫瑰曲线图谱网格中，列数表示 q 值，行数表示是 p。例如，选取第 5 行第 3 列的图形，则 $\dfrac{p}{q}=\dfrac{5}{3}$，由此可知，该曲线的叶子数是 5，闭合周期为 3π。

 创作思路

　　该作品使用画笔克隆体技术绘制 8 行 9 列的玫瑰曲线图谱。创建 72 个画笔克隆体，分布到 8 行 9 列的网格中，每个克隆体用私有变量 P 和 Q 分别存放控制叶子数和闭合周期的参数 p 和 q，以供调用玫瑰曲线的参数方程绘图时，根据这两个变量的值计算出曲线的闭合周期。另外，$\dfrac{p}{q}$ 为最简分数，在使用变量 P 和 Q 的值时需要先进行约分处理。

编程实现

　　先观看资源包中的作品演示视频 5-10.mp4，再打开模板文件 5-10.sb3 进行项目创作。
（1）编写主程序和创建画笔克隆体的代码（见图 5-10-2）。

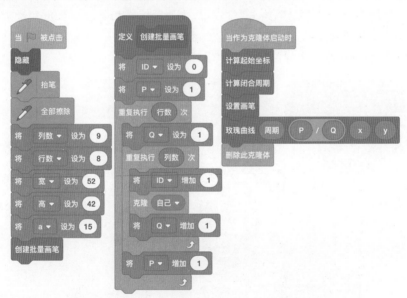

图 5-10-2　主程序和创建画笔克隆体的代码

　　在主程序中，调用"创建批量画笔"过程创建 72 个画笔克隆体，使其以 8 行 9 列的规格均匀分布在舞台上。每个画笔克隆体的私有变量 P 和 Q 存放该克隆体所在的行数和列数，同时这两个变量也用于控制玫瑰曲线的叶子数量和闭合周期。

　　当画笔克隆体启动后，先调用"计算起始坐标"过程根据变量 P 和 Q 计算出该克隆体在舞台上绘图的起始坐标；然后调用"计算闭合周期"过程计算出玫瑰曲线的闭合周期，存放在私有变量"周期"中；接着调用"设置画笔"过程设置画笔的粗细、颜色、透明度和位置等；最后调用"玫瑰曲线"过程绘制出分配给该画笔克隆体的一个玫瑰曲线。

（2）编写计算玫瑰曲线闭合周期的代码（见图5-10-3）。

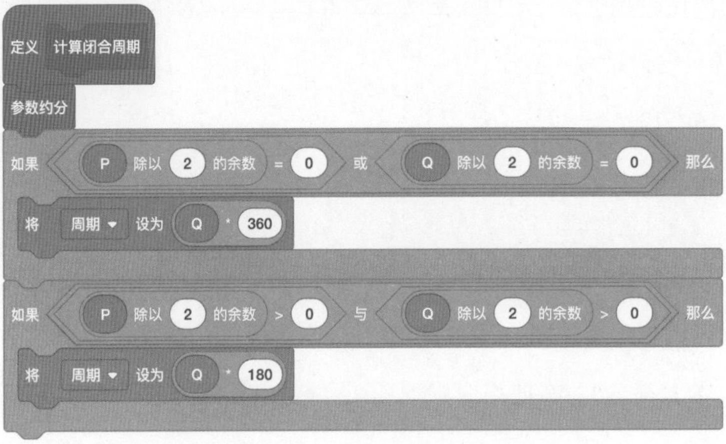

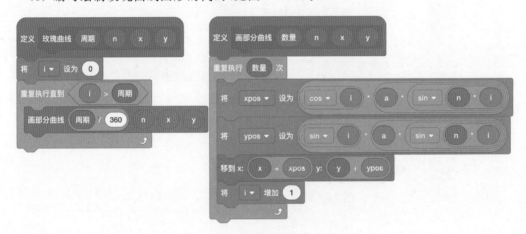

图5-10-3　"计算闭合周期"过程的代码

在"计算闭合周期"过程中，先调用"参数约分"过程对变量 P 和 Q 进行约分处理，使得 P 和 Q 组成的分数是最简分数；然后根据变量 P 和 Q 的值计算出玫瑰曲线的闭合周期，存放在私有变量"周期"中。在"参数约分"过程中，先使用辗转相除法计算出变量 P 和 Q 的最大公约数，再用变量 P 和 Q 分别除以最大公约数后的数值作为这两个变量的新值。

（3）编写绘制玫瑰曲线图形的代码（见图5-10-4）。

图5-10-4　绘制玫瑰曲线的代码

有的玫瑰曲线闭合周期过大，需要加速绘制，从而使各个图形的绘制时间相近。"画部分曲线"过程被设置为"运行时不刷新屏幕"，采取对闭合周期大的玫瑰曲线增加绘制量的方式进行加速。这样可以看到各个玫瑰曲线的绘制过程，又能使绘制时间不会相差太大。

该作品的其他代码限于篇幅未能列出和说明，请在该作品的模板文件中查看代码和阅读注释。

5.11　万花尺(内摆线和外摆线)

作品描述

该作品模拟一种叫作"万花尺"的小玩具,作品效果见图 5-11-1。万花尺又叫繁花曲线规,可以画出内摆线和外摆线,作为辅助学习的小工具。例如,将定圆半径设为 80,动圆位置设为 0(即动圆在定圆里面),动圆半径设为 20,动圆定点设为 20,那么就可以画出内摆线中的星形线,见图 5-11-1(a)。又如,将动圆位置设为 1(即动圆在定圆外面),动圆半径、动圆定点和定圆半径都设为 30,那么就可以画出外摆线中的心脏线,见图 5-11-1(b)。

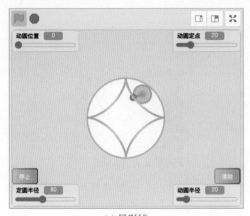

(a) 星形线　　　　　　　　　　　　(b) 心脏线

图 5-11-1　作品效果图

创作思路

该作品采用模拟万花尺的工作方式,根据内摆线和外摆线的定义,通过控制动圆在定圆内或定圆外滚动,并记录动圆上一个定点的轨迹,从而画出内摆线和外摆线。

编程实现

先观看资源包中的作品演示视频 5-11.mp4,再打开模板文件 5-11.sb3 进行项目创作。

该作品用到的角色见图 5-11-2。其中,"动圆中心"角色用于给"动圆定点"角色进行定位,"动圆定点"角色用于提供运动时的坐标以画出运动轨道,"定点画笔"角色用于根据列表中的坐标数据绘制运动轨迹;其他角色起辅助作用。

图 5-11-2　角色列表

该作品主要是对"动圆中心"角色和"动圆定点"角色进行编程，下面对核心功能进行说明。

（1）重建绘图界面。

当项目运行时，或者调整舞台上的滑杆变量"动圆半径""定圆半径""动圆位置"时，将会广播"重建界面"消息以通知相关角色协调动作，调整动圆和定圆的大小，建立新的绘图界面。

如图 5-11-3 所示，在舞台的代码区编写处理"重建界面"消息的代码。在清除舞台绘制的内容之后，分别广播"画定圆""调整动圆位置""画动圆""画连接杆""重绘轨迹"消息，通知相关角色协调动作，重新构建绘图界面。

如图 5-11-4 所示，在"动圆中心"角色的代码区编写处理"调整动圆位置"消息的代码。将"动圆中心"角色从舞台中心（0，0）处向正东方向移动到"动圆圆心位置"。

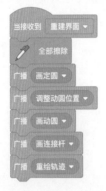

图 5-11-3　处理"重建界面"消息　　　　图 5-11-4　处理"调整动圆位置"消息

如图 5-11-5 所示，在"动圆定点"角色的代码区编写处理"画连接杆"消息的代码。全局变量"是否显示变量"的值为 1 时，将在绘图界面下绘制曲线，可随时调整滑杆变量的值；为 0 时，则隐藏绘图界面，进入单纯绘图模式。在"绘制连接杆外观"过程，画一条线段连接动圆中心和动圆定点，以方便观察动圆在滚动的效果。

如图 5-11-6 所示，在"定点画笔"角色的代码区编写处理"重绘轨迹"消息的代码。在设置画笔参数之后，调用"画曲线图"过程，根据列表中记录的轨迹坐标绘制曲线图形。

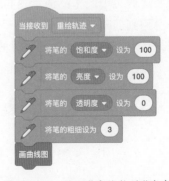

图 5-11-5　处理"画连接杆"消息　　　　图 5-11-6　处理"重绘轨迹"消息

（2）绘制星形线。

在舞台上的滑杆变量"动圆位置"用于设置曲线类型，0 为内摆线，1 为外摆线。星形线是一种内摆线，故将滑杆变量"动圆位置"的值调整为 0。还要调整滑杆变量"定圆半径"的值为 120，"动圆半径"和"动圆定点"都调整为 30。之后单击"开始"按钮，就会让动圆开始运动，然后画出一个闭合的星形线。

如图 5-11-7 所示，当"开始"角色被单击后，将广播"动圆运动"消息以通知"动圆中心"角色进行圆周运动。

如图 5-11-8 所示，在"动圆中心"角色的代码区编写处理"动圆运动"消息的代码。在一个条件型循环结构中，调用"滚动动圆"过程控制该角色呈现滚动效果。

图 5-11-7　响应"开始"角色被单击事件

图 5-11-8　处理"动圆运动"消息

如图 5-11-9 所示，在"滚动动圆"过程中，以极坐标的方式控制"动圆中心"角色实现圆周运动。同时，广播"移动动圆定点"消息以通知"动圆定点"角色协调动作。

如图 5-11-10 所示，在"动圆定点"角色的代码区编写处理"移动动圆定点"消息的代码。调用"画连接杆"过程绘制连接杆外观，并将该角色的 x 坐标和 y 坐标分别加入 X 列表和 Y 列表，然后广播"重绘轨迹"消息以通知"定点画笔"角色绘制出动圆定点的运动轨迹。

图 5-11-9　"滚动动圆"过程的代码

图 5-11-10　处理"移动动圆定点"消息

如图 5-11-11 所示,在"定点画笔"角色的代码中,通过一个循环结构不断检测 X 列表的项目数,并对 X 列表和 Y 列表的项目数进行限制,使其不能超过 2000 个。

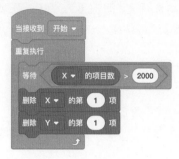

图 5-11-11 限制列表长度

该作品的其他代码限于篇幅未能列出和说明,请在该作品的模板文件中查看代码和阅读注释。

5.12 飘动的红旗

作品描述

该动画作品展示通过圆周运动产生正弦波的方法绘制飘动的红旗,作品效果见图 5-12-1。一个绿色的点在做圆周运动,蓝色的点反应它在 y 轴上的位移变化,这个位移随时间而变化的图像是一条具有周期性变化的波形曲线(正弦波)。利用这个波形曲线可以绘制具有波动效果的红旗动画。可以通过调节速度参数控制波形曲线,通过调节高度、长度、宽度、亮度等控制红旗的外观。

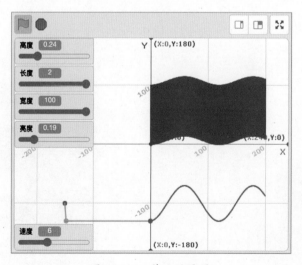

图 5-12-1 作品效果图

创作思路

通过控制一个动点做圆周运动,以将其 y 坐标记录到列表中。列表维持一定的长度,新数据从列表尾部加入,多余的数据从列表头部被删除。根据列表中实时更新的 y 坐标数据,就可以绘制动态的波形曲线和飘动的红旗动画。在舞台上放置速度、长度、高度等滑杆变量,可以动态调节波形曲线和红旗的外观效果。

编程实现

先观看资源包中的作品演示视频 5-12. mp4,再打开模板文件 5-12. sb3 进行项目创作。

该作品用到"动点""正弦波""红旗"3 个角色。其中,"动点"角色用于生成 y 坐标数据,并记录到列表中;"正弦波"角色用于根据列表数据绘制动态的波形曲线;"红旗"角色用于根据列表数据绘制飘动的红旗动画。

(1) 编写通过圆周运动生成波形数据的代码(见图 5-12-2)。

在"动点"角色的代码中,采用极坐标的方式控制该角色按顺时针方向进行圆周运动。圆心坐标设在(-150,-100)处,移动距离为 30 步,移动方向由"方向"变量控制。在圆心、圆周和 y 轴上分别绘制红色、绿色、蓝色的 3 个圆点,同时绘制红点与绿点的连线、绿点与蓝点的连线。将绿点在圆周运动过程中的 y 坐标记录到"Y 坐标"列表中,用来绘制波形曲线。圆周运动的速度由"速度"变量控制,可在舞台上用滑杆调节。

(2) 编写绘制波形曲线的代码(见图 5-12-3)。

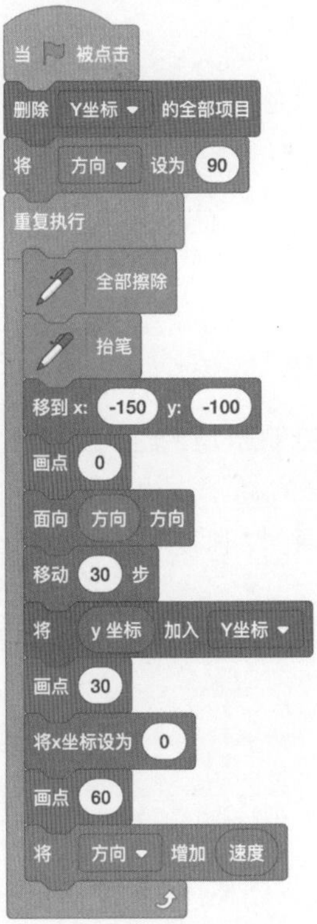

图 5-12-2 "动点"角色的代码 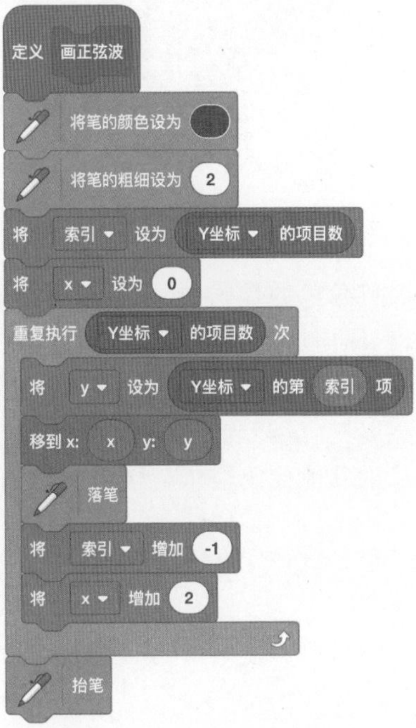   图 5-12-3 "画正弦波"过程的代码

在"正弦波"角色的代码中，从后向前读取"Y坐标"列表中存放的 y 坐标，并从 x 坐标为 0 处开始画点，x 坐标的增加量为 2。由于"Y坐标"列表中的数值是不断更新的，这样就可以画出一条不断移动的蓝色波形曲线。

（3）编写绘制飘动红旗的代码（见图 5-12-4）。

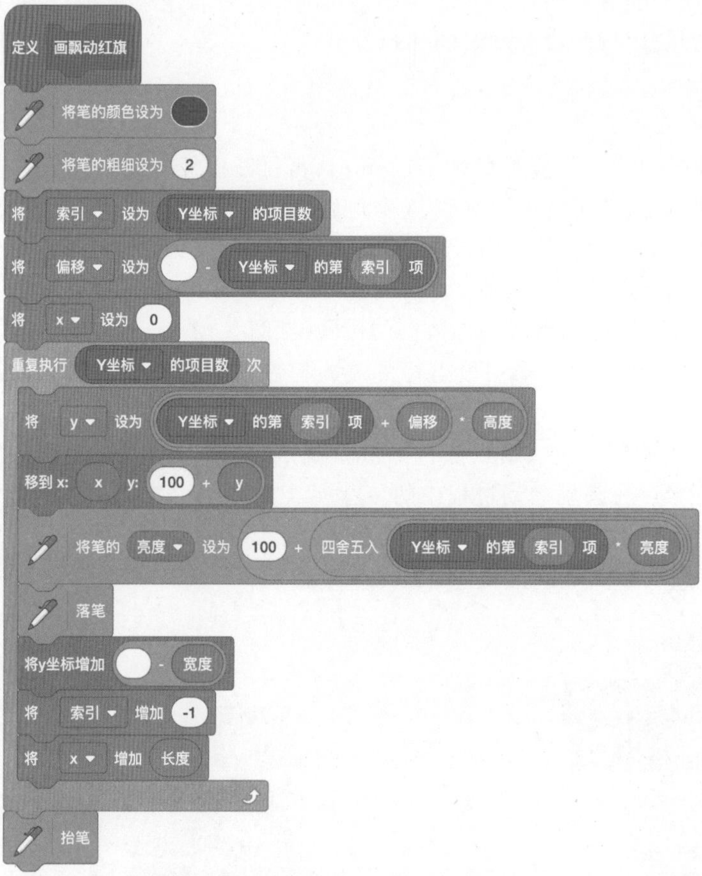

图 5-12-4 "画飘动红旗"过程的代码

在"红旗"角色的代码中，采用和画波形曲线类似的方式绘制飘动的红旗，把画点改为画垂直的线段，纵向增加波形曲线的宽度，从而呈现出一面红旗的样子。另外，通过"偏移"变量使红旗左端位置固定，通过"高度"变量调节波形的高度，通过"长度"变量调节红旗的长度，通过"亮度"变量调节红旗的光影效果。

该作品的其他代码限于篇幅未能列出和说明，请在该作品的模板文件中查看代码和阅读注释。

第6章 奇妙分形

6.1 谢尔宾斯基三角形(经典)

作品描述

该分形作品是使用经典画法绘制的谢尔宾斯基三角形,作品效果见图 6-1-1。谢尔宾斯基三角形于 1915 年由波兰数学家谢尔宾斯基提出,其构造方法如下:以一个等边三角形作为初始图形,将其分割成 4 个边长为原来一半的小三角形;然后排除中间的小三角形,并对其他 3 个小三角形重复进行分割;经过若干次迭代后,即可得到一个由大小不同的等边三角形构成的分形图。

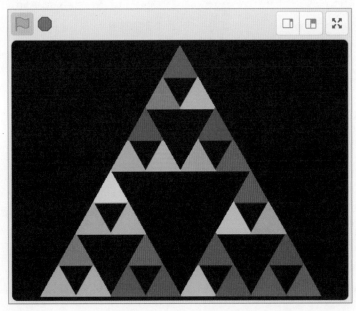

图 6-1-1 作品效果图

创作思路

根据谢尔宾斯基三角形的构造方法,可以利用递归方法绘制这个分形图。

（1）绘制基本图形：创建一个以边长 a 作为参数的绘制等边三角形的自定义过程 F。

（2）递归调用的进入：在过程 F 中，在绘制三角形的每一条边之前，将边长 a 减半作为新的参数值，调用过程 F 自身绘制一个小的等边三角形。

（3）递归调用的结束：在过程 F 中，先判断参数 a 的值小于某个数值时就退出该过程，不再执行后面的代码，递归调用也就此结束。

编程实现

先观看资源包中的作品演示视频 6-1. mp4，再打开模板文件 6-1.sb3 进行项目创作。

该作品不需要角色造型，完全使用画笔积木绘制。下面介绍两种控制递归调用的方法。

（1）通过设定最小边长控制递归调用的结束。

如图 6-1-2 所示，这是用于绘制谢尔宾斯基三角形分形图的代码。在"谢尔宾斯基三角形"过程中，先判断参数变量"边长"的值是否小于 20，如果是就调用"停止'这个脚本'"积木结束该过程的执行，则对该过程的递归调用也就此结束。另外，在递归调用"谢尔宾斯基三角形"过程时，需要将"边长"变量的值减半作为新参数，从而使得多次递归调用后能够触发递归结束的条件。

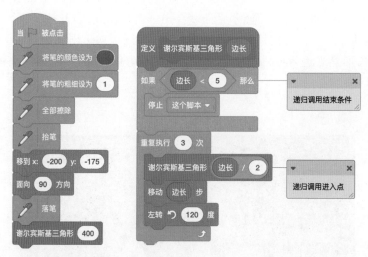

图 6-1-2 绘制谢尔宾斯基三角形的过程 1

（2）通过设定深度级数控制递归调用的结束。

如图 6-1-3 所示，在"谢尔宾斯基三角形"过程中，增加了一个参数变量"级数"。在该过程执行时，先判断"级数"变量的值是否等于 0，如果是就调用"停止'这个脚本'"积木结束该过程的执行，则对该过程的递归调用也就此结束。另外，在递归调用"谢尔宾斯基三角形"过程时，需要将"级数"变量的值减 1 后作为新参数，从而使得多次递归调用后能够触发递归结束的条件。

为了获得美观的图案，可以对每一个小三角形用不同的颜色进行填充，从而生成色彩斑斓的分形图。该作品提供一个颜色填充版本，可以从资源包中获取。

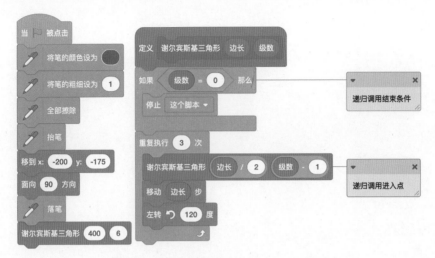

图 6-1-3　绘制谢尔宾斯基三角形的过程 2

6.2　谢尔宾斯基三角形（曲线逼近）

作品描述

　　该分形作品是使用曲线逼近的方法构造谢尔宾斯基三角形,作品效果见图 6-2-1。从一个有 3 条线段的曲线(图 6-2-2 中的第 1 个图形)开始进行迭代,每次迭代时,线段的长度减半,曲线弯曲的方向做交换以避免线段相互交接,经过多次迭代后(见图 6-2-2),就通过以线代面的方式获得一个谢尔宾斯基三角形。

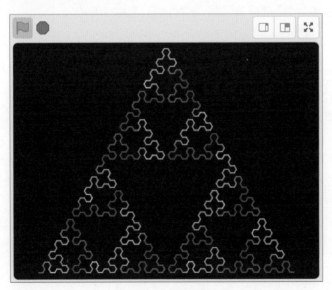

图 6-2-1　作品效果图

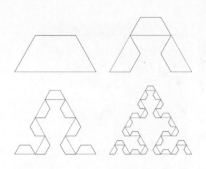

图 6-2-2　迭代过程

💡 创作思路

根据曲线逼近的构造方法，可以利用递归方法绘制这个分形图。

（1）绘制基本图形：创建一个绘制 3 条线段（图 6-2-2 中的第 1 个图）的自定义过程 F，参数为"级数""边长"和"方向"。

（2）递归调用的进入：在过程 F 中，有 3 个递归调用的进入点，即在每条线段转弯之后，调用过程 F 自身绘制一个更小的基本图形。递归调用时，将"级数"变量的值减 1，"边长"变量的值减半，"方向"变量的值也做修改。根据"前后线段变换方向，中间线段保持不变"的方式进行调整，即第 1 个递归调用时"方向"变量的值取反，第 2 个递归调用时"方向"变量的值不变，第 3 个递归调用时"方向"变量的值取反。这是控制曲线弯折时避免线段相互交接的关键。

（3）递归调用的结束：在过程 F 中，先判断"级数"变量的值是否等于 1，如果是就使用画笔绘制出一条线段，然后退出该过程，不再执行后面的代码，递归调用也就此结束。

📋 编程实现

先观看资源包中的作品演示视频 6-2.mp4，再打开模板文件 6-2.sb3 进行项目创作。

舞台顶部放置一个滑杆变量 n，用来调整曲线的迭代次数。变量 n 的值越大，则迭代生成的图形就越接近谢尔宾斯基三角形。

如图 6-2-3 所示，这是用曲线逼近法绘制谢尔宾斯基三角形的代码。在主程序中，在一个循环结构中不停地调用"绘制曲线"过程绘制分形图。当改变舞台上的滑杆变量 n 的值时，立即就可以看到绘制的效果。这需要将"绘制曲线"过程设置为"运行时不刷新屏幕"，从而加快代码的执行速度。

调用"绘制曲线"过程，通过递归调用的方式对曲线不断地进行迭代，最终绘制出谢尔宾斯基三角形。这个过程的代码不多，但不容易理解，特别是"方向"变量变换的情况。可以结合前面描述的创作思路，慢慢理解代码的意图。

由于绘制线段是在递归调用结束条件满足时才进行的，这对设置画笔颜色有些麻烦。可以使用如图 6-2-4 所示的方法，在每次调用"绘制曲线"过程时，将颜色值加入到一个"颜色"列表中，然后在递归结束时再从"颜色"列表尾部取出颜色值，用来设置画笔颜色，这样就可以绘制彩色的线段。

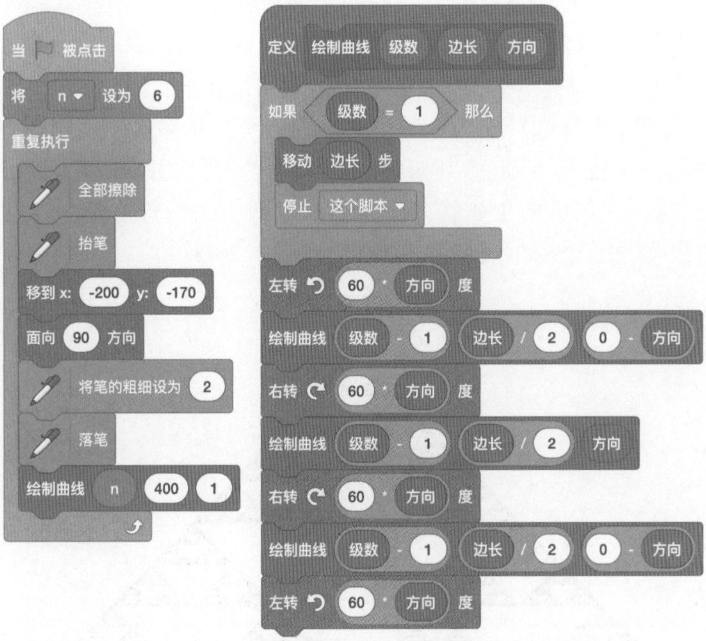

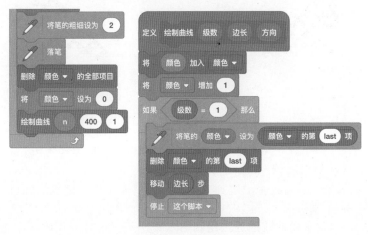

图 6-2-3 绘制分形图的代码

图 6-2-4 绘制彩色曲线的部分代码

该作品的其他代码限于篇幅未能列出和说明,请在该作品的模板文件中查看代码和阅读注释。

6.3 谢尔宾斯基三角形(细胞自动机)

作品描述

该分形作品展示在一维细胞自动机中使用"规则90"构造谢尔宾斯基三角形,作品效果见图 6-3-1。一维细胞自动机使用一行无限长的格子表示一维细胞空间,格子的黑色或白色表示细胞个体的生或死。一个细胞和它左右两个邻居细胞当前的生死状态(输入)决定了该细胞在下一代的生死状态(输出)。如果用二进制的 0 表示死,1 表示生,那么对于输入可能的 8 种情况 111、110、101、100、011、010、001、000,规定它的输出分别是 0、1、0、1、1、0、1、0。将这 8 个数字构成的二进制数转换为十进制数就是 90,因此称这个规则为"规则 90"。在第一代中指定中间的一个格子为黑色,其余格子均为白色,然后按照"规则 90"不断地演化出下一代。那么,将每一代细胞的生死状态记录到二维网格的一行格子中,最终将这个二维网格呈现出来的效果就是一个谢尔宾斯基三角形。

图 6-3-1　作品效果图

💡 创作思路

使用一个 360 行 480 列的二维列表记录一维细胞自动机的演化结果。首先指定第一行中间的一个元素值为 1,然后按照"规则 90"不断地根据上一行各元素的值计算出下一行各元素的值,最后用画笔积木将这个二维列表中的数据呈现在相同规格的舞台上,元素值为 1 画一个黑点,为 0 则不画点。

📋 编程实现

先观看资源包中的作品演示视频 6-3. mp4,再打开模板文件 6-3. sb3 进行项目创作。

该作品不需要角色造型,完全使用画笔积木绘制,下面对核心功能进行说明。

(1) 编写主程序的代码(见图 6-3-2)。

在主程序中,将"数组"列表初始化为拥有 480×360 个元素的列表,每个元素值都初始化为 0。虽然 Scratch 并不直接提供二维列表的功能,但是可以在一维列表中存放二维数据,只需要对数据存放的位置进行简单换算,就能够间接实现二维列表的功能。

在对"数组"列表初始化之后,就调用"细胞演化生成数据"过程,根据"规则 90"生成绘制谢尔宾斯基三角形需要的数据。

（2）编写"细胞演化生成数据"过程的代码（见图6-3-3）。

图 6-3-2　主程序的代码

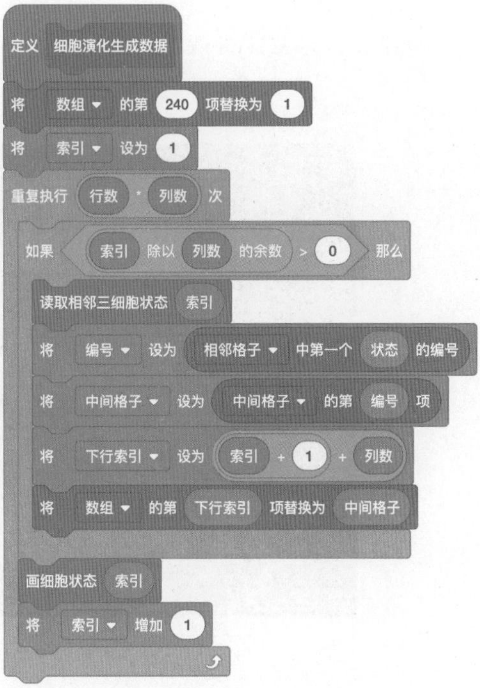

图 6-3-3　"细胞演化生成数据"过程的代码

在该过程中，首先将"数组"列表中记录第一代细胞状态的一行（即二维列表的第一行）中间的那个元素的值替换为 1，然后就可以按照"规则 90"让细胞自动机进行演化。

使用"索引"变量的值调用"读取相邻三细胞状态"过程，取得一行格子中相邻的三个细胞状态，然后根据这个状态在"相邻格子"列表中的编号找到对应的"中间格子"列表中的细胞状态值，用来设置下一代细胞的状态。

（3）编写"画细胞状态"过程的代码（见图6-3-4）。

根据索引读取"数组"列表中每个细胞的状态值，如果是 1，则在舞台上画一个黑点。在绘图前，先调用"索引转坐标"过程，将列表的索引转换成舞台上绘制黑点的坐标。

该作品的其他代码限于篇幅未能列出和说明，请在该作品的模板文件中查看代码和阅读注释。

图 6-3-4　"画细胞状态"过程的代码

6.4　谢尔宾斯基三角形（随机方法）

作品描述

该分形作品使用随机方法构造谢尔宾斯基三角形，作品效果见图6-4-1。这个方法又称为混沌游戏（chaos game），其构造方法是：在平面内构造一个等边三角形，再取任意一点

P；然后以相等或相近的概率选取三角形其中一个顶点，并在该顶点与点 P 的中点 M 处画出一个圆点；之后将点 M 代替点 P 重复进行这个画点的过程。这个看似随意的画点方式，在进行若干次迭代之后，就能构造出一个谢尔宾斯基三角形。

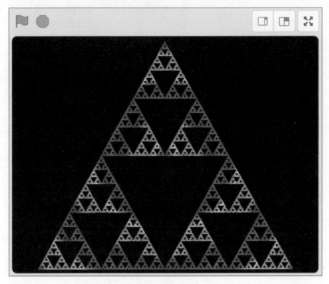

图 6-4-1　作品效果图

创作思路

　　按照前面所述构造方法编程实现即可。需要注意的是，在选取三角形的顶点时，使用"在 1 和 3 之间取随机数"积木，使得 3 个顶点被选中的概率相等或相近；否则，无法构造出完整的谢尔宾斯基三角形。另外，这个随机方法不要求使用等边三角形，使用任意三角形也可以构造出谢尔宾斯基三角形。

编程实现

　　先观看资源包中的作品演示视频 6-4.mp4，再打开模板文件 6-4.sb3 进行项目创作。

　　该作品不需要角色造型，完全使用画笔积木绘制。为了对分形图进行着色，在角色列表中添加一个名为"中心"的空角色，并将其位置固定在舞台中心。

　　（1）编写主程序和"构造等边三角形"的代码（见图 6-4-2）。

　　在主程序中，先调用"构造等边三角形"过程获取三角形 3 个顶点的坐标，将其记录到 X 列表和 Y 列表中，然后调用"迭代画点"过程进行 5 万次迭代，画出 5 万个彩色的点，从而构造出一个美观的谢尔宾斯基三角形。

　　（2）编写"迭代画点"过程和"画点"过程的代码（见图 6-4-3）。

　　在"迭代画点"过程中，使用"移到'随机位置'"积木选取舞台上任意一点作为起始点，然后从列表中随机选取顶点坐标，并计算出中点坐标。之后，调用"画图"过程在中点坐标处画一个彩色的点。使用"到'中心'的距离"积木设定画笔的颜色，使得整个分形图的颜色从舞台中心向周边不断变化。

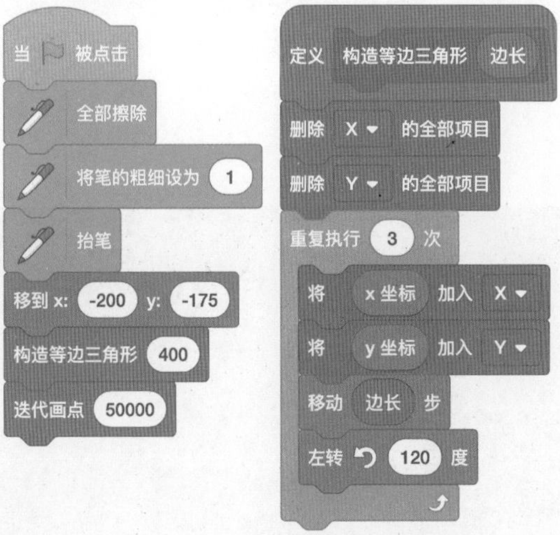

图 6-4-2　主程序和"构造等边三角形"过程的代码

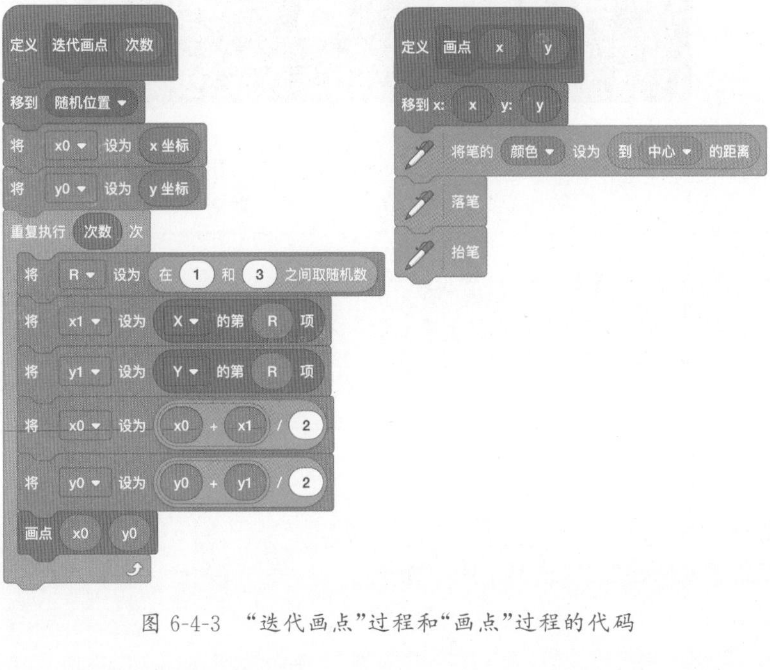

图 6-4-3　"迭代画点"过程和"画点"过程的代码

　　该作品的其他代码限于篇幅未能列出和说明,请在该作品的模板文件中查看代码和阅读注释。

6.5　谢尔宾斯基三角形(迭代函数系统)

作品描述

　　该分形作品使用迭代函数系统的方法绘制谢尔宾斯基三角形,作品效果见图 6-5-1。迭代函数系统(iterated function system,IFS)是用来创建分形图案的一种算法,它利用特定的仿射变换函数对设定的起始坐标进行迭代计算,然后将所有计算出来的坐标在舞台上描点,就能形成对应的分形图案。谢尔宾斯基三角形采用的仿射变换函数见表 6-5-1，按照相同的概率分别调用这 3 个仿射变换函数计算出一系列坐标，并用这些坐标在舞台上画圆点，就能呈现出谢尔宾斯基三角形。

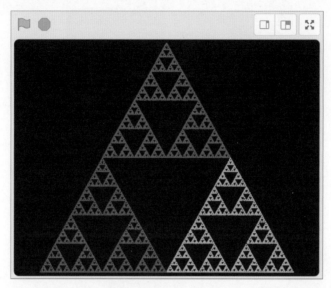

图 6-5-1　作品效果图

表 6-5-1　谢尔宾斯基三角形采用的仿射变换函数

W_1	W_2	W_3
$x_1 = 0.5 * x_0$	$x_1 = 0.5 * x_0 + 0.5$	$x_1 = 0.5 * x_0 + 0.25$
$y_1 = 0.5 * y_0$	$y_1 = 0.5 * y_0$	$y_1 = 0.5 * y_0 + 0.5$

 创作思路

IFS 算法的基本过程如下。

（1）设定一个起始点 (x_0, y_0) 及总的迭代次数。

（2）以概率 P 选取仿射变换 W，形式为

$$x_1 = a * x_0 + b * y_0 + e$$
$$y_1 = c * x_0 + d * y_0 + f$$

（3）以 W 作用点 (x_0, y_0)，得到新坐标 (x_1, y_1)。

（4）在舞台上坐标 (x_1, y_1) 处画点。

（5）令 $x_0 = x_1$，$y_0 = y_1$，为下一次迭代做准备。

（6）返回第（2）步，进行下一次迭代，直到完成所有迭代。

编程实现

先观看资源包中的作品演示视频 6-5.mp4，再打开模板文件 6-5.sb3 进行项目创作。

该作品不需要角色造型，完全使用画笔积木绘制，下面对核心功能进行说明。

（1）编写"用概率选取仿射变换函数"的代码（见图6-5-2）。

在"用概率选取仿射变换函数"过程中，根据参数变量 R 的值选择使用不同的仿射变换函数计算出新坐标。R 值是从1到3之间取随机数，可以让3个仿射变换函数的调用概率相近。

（2）编写"迭代画图"的代码（见图6-5-3）。

在"迭代画图"过程中，对起始坐标 x_0 和 y_0 使用仿射变换函数进行5万次迭代，并在每次获得的新坐标处画一个彩色点。

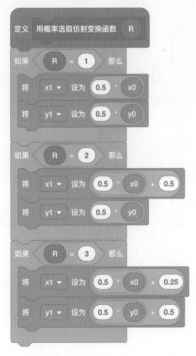

图6-5-2　"用概率选取仿射变换函数"的代码

图6-5-3　"迭代画图"的代码

"画点"过程的第3个参数变量用于设置画笔颜色。变量 R 是从1到3之间取随机数，表达式 $(R-1)*33$ 的值分别是0、33、66，即红、绿、蓝三色。

该作品的其他代码限于篇幅未能列出和说明，请在该作品的模板文件中查看代码和阅读注释。

6.6　谢尔宾斯基三角形（杨辉三角）

？ 作品描述

该分形作品使用杨辉三角构造谢尔宾斯基三角形，作品效果见图6-6-1。在杨辉三角中，所有的奇数都分布在三角形的边上，所有的偶数都分布在三角形的内部。如果将杨辉三角以图形方式呈现，把所有的奇数用黑色圆点表示，忽略掉所有偶数，那么绘制出来的点阵图形就是谢尔宾斯基三角形。

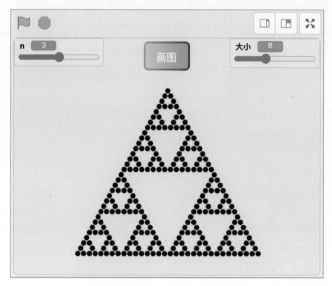

图 6-6-1　作品效果图

　创作思路

　　首先生成指定行数的杨辉三角并存放在一个二维列表中，然后将二维列表各元素的行列位置映射成舞台上的坐标，并将所有是奇数的元素以黑色圆点代替画在舞台上。这样就得到了由指定行数的杨辉三角构造的谢尔宾斯基三角形。

　　编程实现

　　先观看资源包中的作品演示视频 6-6.mp4，再打开模板文件 6-6.sb3 进行项目创作。

　　舞台顶部左右两侧放置两个滑杆变量，变量 n 用来调整谢尔宾斯基三角形的迭代次数，变量"大小"用来设定黑色圆点的大小。变量 n 的值越大，则迭代生成的分形图尺寸就越大，那么就要相应地调小变量"大小"的值，使得分形图能够完整地呈现在舞台上。

　　舞台顶部中间有一个"画图"按钮，单击该按钮将根据变量 n 和"大小"的值绘制谢尔宾斯基三角形。

　　(1) 编写主程序的代码(见图 6-6-2)。

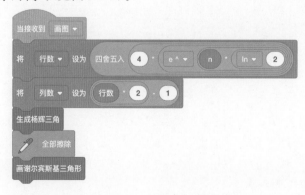

图 6-6-2　主程序的代码

在主程序中,当接收到"画图"消息后,先根据变量 n 的值计算出杨辉三角的行数和列数,然后调用"生成杨辉三角"过程在"数组"列表中生成指定行数的杨辉三角的各个数字。构造一个 n 阶的谢尔宾斯基三角形,需要杨辉三角的行数为 4 乘以 2 的 n 次方。最后,调用"画谢尔宾斯基三角形"过程通过"数组"列表中存放的杨辉三角数字构造出一个谢尔宾斯基三角形。

(2)编写"生成杨辉三角"过程的代码(见图 6-6-3)。

在"生成杨辉三角"过程中,先调用"初始化数组"过程生成一个项目数为"行数×列数"的数组(用该数组存放二维的杨辉三角的数字),并将数组中的各元素值全部设定为 0;然后调用"三角形两腰置一"过程,将杨辉三角两腰上的数字全部设定为 1。之后,按照从上到下、从左到右的顺序,生成杨辉三角中的其他数字。

为了避免数字过大超出计算机支持的整数范围,使用"获取末尾数字"过程取出上一行左、右两数之和的尾数,将其存放在下一行的数字位中。用杨辉三角构造谢尔宾斯基三角形,只要知道各数字的奇偶性即可,不需要存放完整数字。

(3)编写"画谢尔宾斯基三角形"过程的代码(见图 6-6-4)。

在"画谢尔宾斯基三角形"过程中,遍历"数组"列表中存放的各个数字,如果是奇数,则在舞台上画一个黑色圆点。在绘图前,先调用"索引转坐标"过程,将列表的索引转换成舞台上绘制黑色圆点的坐标。

图 6-6-3 "生成杨辉三角"过程的代码   图 6-6-4 "画谢尔宾斯基三角形"过程的代码

该作品的其他代码限于篇幅未能列出和说明,请在该作品的模板文件中查看代码和阅读注释。

6.7 用三角形内心构造雪花分形

作品描述

该分形作品使用三角形的内心构造雪花分形,作品效果见图 6-7-1。这个分形图的构造方法是：在平面内构造一个正六边形,再任意取一点 P 与正六边的任意两个顶点构成一个三角形 A；由三角形 A 三条边的中点又构成一个三角形 B,选取三角形 B 的内心 S 画一个点。之后,用内心 S 替代点 P 重复进行这个画点的过程。经过若干次迭代之后,这些点就会构造出漂亮的雪花分形图案。

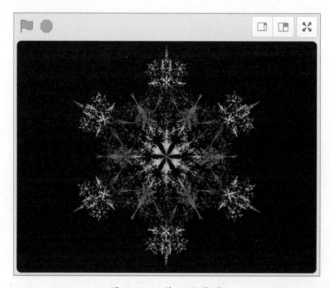

图 6-7-1 作品效果图

创作思路

按照前面所述构造方法编程实现即可。这里主要涉及一些数学计算,如计算三角形边的长度、三角形的内心坐标等。

编程实现

先观看资源包中的作品演示视频 6-7.mp4,再打开模板文件 6-7.sb3 进行项目创作。

该作品不需要角色造型,完全使用画笔积木绘制。为了对分形图进行着色,在角色列表中添加一个名为“中心”的空角色,并将其位置固定在舞台中心。

（1）编写主程序和“迭代画点”过程的代码（见图 6-7-2）。

在主程序中,先调用“获取正六边形顶点坐标”过程,将 6 个顶点的坐标记录到 X 列表和 Y 列表中；然后选取舞台上任意一点的坐标作为迭代的初始坐标,存放到变量 x 和 y 中；之后调用“迭代画图”过程进行 10 万次迭代,画出 10 万个彩色的点,从而构造出一个漂

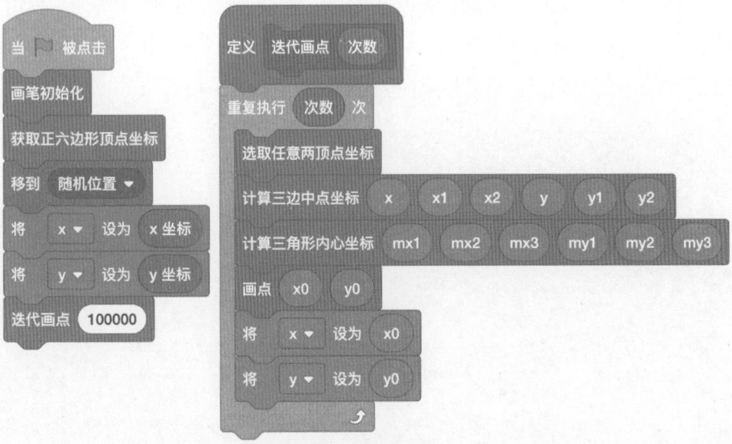

图 6-7-2 主程序和"迭代画点"过程的代码

亮的雪花分形图案。

在"迭代画点"过程中,先调用"选取任意两顶点坐标"过程从 X 列表和 Y 列表中任意选取两个顶点的坐标(x_1,y_1)和(x_2,y_2);然后调用"计算三边中点坐标"过程计算出由(x,y)、(x_1,y_1)和(x_2,y_2)三点构成的三角形的三边中点坐标(m_{x1},m_{y2})、(m_{x2},m_{y2})和(m_{x3},m_{y3});接着调用"计算三角形内心坐标"过程计算出由三边中点构成的三角形的内心坐标(x_0,y_0),并在该坐标处画一个彩色的点;最后用内心坐标(x_0,y_0)替换任意点坐标(x,y)。这样就完成了一次迭代画点的过程。

(2)编写"计算三边中点坐标"过程的代码(见图 6-7-3)。

图 6-7-3 "计算三边中点坐标"过程的代码

已知 $A(x_1,y_1)$ 和 $B(x_2,y_2)$ 两点,$M(x,y)$ 是线段 AB 的中点,则中点坐标公式为

$$
\begin{cases}
x = \dfrac{x_1 + x_2}{2} \\
y = \dfrac{y_1 + y_2}{2}
\end{cases}
$$

在"计算三边中点坐标"过程中，根据以上中点坐标公式分别计算出三角形三边的中点坐标(m_{x1}, m_{y2})、(m_{x2}, m_{y2})和(m_{x3}, m_{y3})。

（3）编写"计算三角形内心坐标"过程的代码（见图6-7-4）。

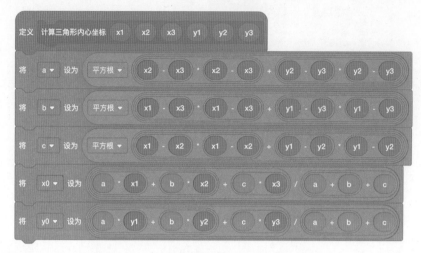

图 6-7-4 "计算三角形内心坐标"过程的代码

在该过程中，先使用两点间距离公式计算出三角形三条边 a、b、c 的长度，然后使用三角形的内心坐标公式计算出内心坐标(x_0, y_0)。这里涉及的数学知识介绍如下。

已知 $A(x_1, y_1)$ 和 $B(x_2, y_2)$ 两点，则 A 和 B 两点之间的距离为

$$|AB| = \sqrt{(x_1 - x_2)^2 + (y_1 - y_2)^2}$$

在△ABC 中，已知 $A(x_1, y_1)$、$B(x_2, y_2)$、$C(x_3, y_3)$ 三条边的长分别为 $AB = c$，$AC = b$，$BC = a$，那么，△ABC 的内心 $S(x, y)$ 的坐标为

$$\begin{cases} x = \dfrac{ax_1 + bx_2 + cx_3}{a + b + c} \\ y = \dfrac{ay_1 + by_2 + cy_3}{a + b + c} \end{cases}$$

该作品的其他代码限于篇幅未能列出和说明，请在该作品的模板文件中查看代码和阅读注释。

6.8　三位一体的曲线分形

作品描述

该分形作品展示三位一体的曲线分形：莱维 C 形曲线、龙曲线、羊曲线，作品效果见图 6-8-1。按下空格键打开组图模式，在舞台上同时显示 3 种曲线分形的迭代过程。3 种曲线都是从 V 字形线段开始迭代，由于线段对折的方向不同，最终迭代出 3 种各有特色的曲线分形图。按下数字键 1、2、3 可以分别打开 3 种曲线的单独播放模式，用大图显示曲线分形的迭代过程。

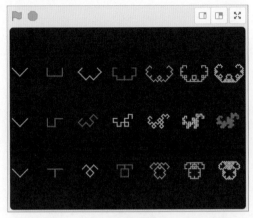 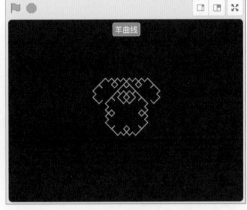

(a) 组图模式　　　　　　　　　　　(b) 单独模式

图 6-8-1　作品效果图

💡 创作思路

在组图模式下,使用 3 个画笔克隆体同时绘制 3 种曲线分形的迭代过程;在单独模式下,以播放形式绘制所选择的曲线分形的迭代过程。3 种曲线分形的构造方式是一样的,都是以 V 字结构作为初始图形,只是在迭代过程中,线段对折的方向各有不同,从而产生不同的构造结果。因此,创建一个对曲线进行迭代的自定义过程即可,通过设置参数实现绘制不同的曲线分形。

📋 编程实现

先观看资源包中的作品演示视频 6-8.mp4,再打开模板文件 6-8.sb3 进行项目创作。

(1) 编写“画曲线”过程的代码(见图 6-8-2)。

该过程用于构造莱维 C 形曲线、龙曲线、羊曲线这 3 种不同的曲线分形。这 3 种曲线分形都是从一条线段对折成 V 字结构的两条线段,然后这两条线段不断地朝不同的方向对折,经过若干次就能构造出 3 种不同的曲线分形。使用“方向 1”和“方向 2”这两个变量控制两条线段的转折方向。这两个变量的值都设置为 1,可以构造出莱维 C 形曲线;都设置为 −1,可以构造出羊曲线;“方向 1”和“方向 2”分别设置为 1 和 −1,可以构造出龙曲线,两者交换,则构造出的是龙曲线的镜像。

(2) 编写“设置曲线方向”过程的代码(见图 6-8-3)。

在该过程中,通过参数变量 ID 计算“方向”列表的索引,并根据索引从列表中取出数值,用来设置“方向 1”和“方向 2”变量的值。

(3) 编写组图模式的代码。

如图 6-8-4 所示,按下空格键打开组图模式,将创建 3 个克隆体,每个克隆体用私有变量 ID 值进行区分。克隆体启动时,根据 ID 值调用“设置曲线方向”以构造相应的曲线分形,调用“画迭代组图”过程将选择的曲线分形的迭代过程绘制在舞台上。

如图 6-8-5 所示,在“画迭代组图”过程中,调用“画曲线”过程绘制出所选择的曲线分形 7 次迭代的中间结果。通过侦测到“中心”角色的距离来设置画笔颜色,使各个图形用不同颜色区分,便于观看。

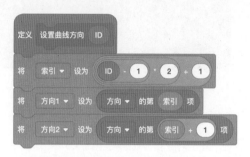

图 6-8-2　"画曲线"过程的代码　　　　　图 6-8-3　"设置曲线方向"过程的代码

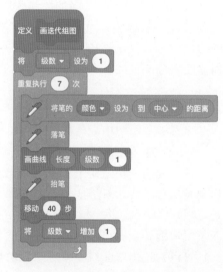

图 6-8-4　打开组图模式　　　　　图 6-8-5　"画迭代组图"过程的代码

（4）编写单独模式的代码（见图 6-8-6）。

当按下数字键 1、2、3 时,将分别以不同参数调用"播放分形图"过程,将选择的曲线分形进行 10 次迭代,并将迭代图形绘制在舞台上。"画分形图"过程设置"运行时不刷新不屏幕"选项,可以快速完成迭代并将图形绘制出来。

该作品的其他代码限于篇幅未能列出和说明,请在该作品的模板文件中查看代码和阅读注释。

图 6-8-6 "播放分形图"过程和"画分形图"过程的代码

6.9 彩色经典勾股树

作品描述

该作品用于展示经典的勾股树分形图,并为其填充色彩斑斓的颜色,作品效果见图 6-9-1。通过舞台上的滑杆变量调整勾股树分支的生长角度和分形图的阶数,从而呈现不同的姿态。

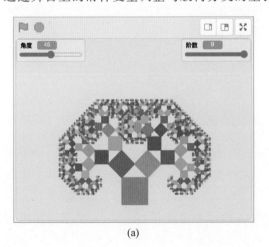

(a)

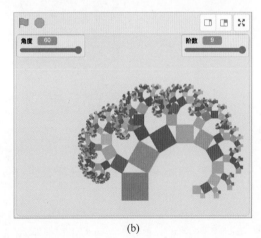

(b)

图 6-9-1 作品效果图

创作思路

该作品主要实现利用勾股定理绘制经典的勾股树分形图,并对每个正方形填充颜色。可以按照如下方法绘制一棵勾股树。

(1) 使用一个勾股定理图作为分形图的基本形状,即第一代勾股定理图,如图 6-9-2 中

$n=1$ 的图形。

（2）基于勾股定理图中两个较小的正方形，分别作出下一代的勾股定理图。即这两个较小的正方形将分别成为下一代勾股定理图中的大正方形。如图 6-9-2 中 $n=2$ 的图形是第二代勾股定理图。

（3）重复进行上述过程，不断生成第三代、第四代或更多代的勾股定理图，如图 6-9-2 中的其他图形，最终可以得到一个勾股树分形图。

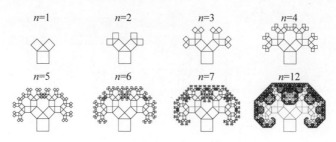

图 6-9-2　经典勾股树绘制过程

编程实现

先观看资源包中的作品演示视频 6-9.mp4，再打开模板文件 6-9.sb3 进行项目创作。

（1）编写主程序的代码（见图 6-9-3）。

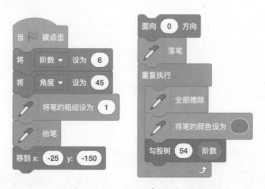

图 6-9-3　主程序的代码

在主程序中，利用一个无限循环结构，根据变量"角度"和"阶数"的值不停地调用"勾股树"过程绘制勾股树分形图。

变量"角度"用于调整勾股定理图中间的直角三角形左边锐角的大小，它决定着整棵勾股树的生长方向。变量"阶数"用于调整勾股定理图裂变的次数，它决定着整棵勾股树的大小。

在舞台上将变量"角度"和"阶数"都切换到滑杆模式，将变量"角度"的滑块范围设定为：最小值30、最大值60；将变量"阶数"的滑块范围设定为：最小值1、最大值9。在项目运行时，可以通过调整这两个滑杆变量实现实时绘制不同形状和大小的勾股树分形图。

（2）编写"勾股树"过程的代码（见图 6-9-4）。

该过程采用递归方式绘制分形图，递归调用的切入点放在绘制两个小正方形之前，递归调用的深度由参数"阶数"控制，当"阶数"的值为 0 时，递归调用结束并返回。绘制图形的功

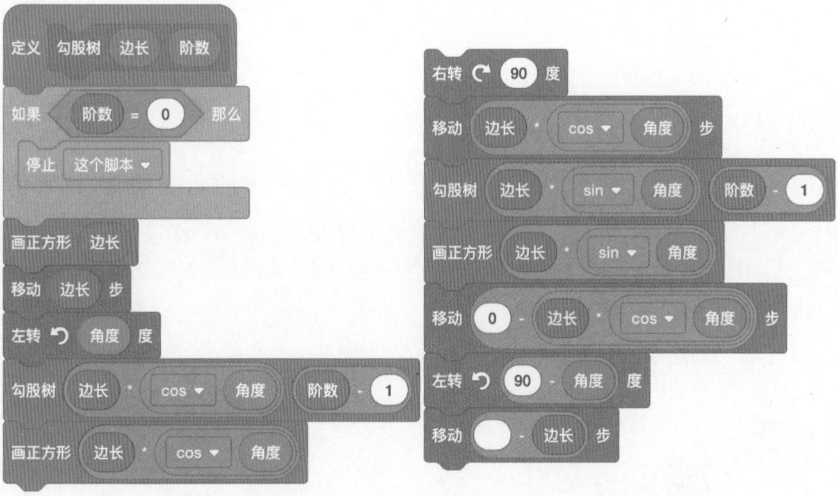

图 6-9-4 "勾股树"过程的代码

能由"画正方形"过程负责实现。

（3）编写"画正方形"过程的代码（见图 6-9-5）。

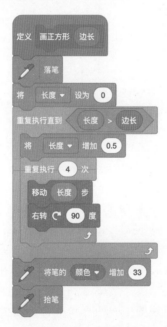

图 6-9-5 "画正方形"过程的代码

　　该过程实现绘制指定边长的正方形并将其内部填充颜色。填充正方形的方法是，从长度为 1 开始绘制第 1 个正方形，再将长度增加 1 绘制第 2 个正方形，按此方法绘制更多的正方形，直到最后一个长度为指定边长的正方形。正方形的填充颜色从蓝色开始，并依次将颜色值增加 33 作为下一个正方形的填充颜色，最后得到一棵色彩斑斓的勾股树。

6.10　美丽分形树

作品描述

在自然界中，树木的种类繁多，形态千变万化。从分形学的角度来看，树木的结构仍然遵循着自相似的规则。如图 6-10-1(a)所示，这是一棵以 Y 形结构迭代出来的分形树，从一个树干末端生长出两个树枝，每个树枝又分别生长出两个新的树枝，如此不断生长下去，最终生长成一棵疏密有致的美丽分形树。

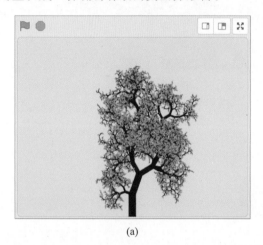 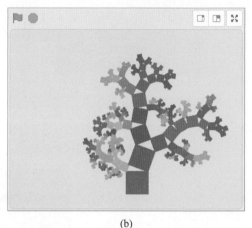

(a)　　　　　　　　　　　　　　(b)

图 6-10-1　作品效果图

创作思路

该作品的设计灵感来自经典勾股树的变化版本，见图 6-10-1(b)。使用线段代替正方形构造 Y 形的勾股定理图，仍然使 3 条线段 a、b、c 的长度关系满足勾股定理 $a^2+b^2=c^2$。以线段 c 为主枝、线段 a、b 为分枝，并且让 a、b、c 构成的直角三角形中的一个锐角随机变化，从而影响 a、b 两条线段的长度。经过对 a、b 两条线段的多次迭代，即可生成一棵接近于自然树木形态的分形树。

编程实现

先观看资源包中的作品演示视频 6-10.mp4，再打开模板文件 6-10.sb3 进行项目创作。

(1) 编写主程序和"画树枝"过程的代码。

如图 6-10-2 所示，在主程序中，先设置变量、画笔起点和方向，然后调用"画树枝"过程画出树的主干部分，之后调用"画分形树"过程生成一棵美丽的分形树。

如图 6-10-3 所示，在"画树枝"过程中，根据参数变量"长度"(即一段树枝的长度)控制画笔的颜色、粗细和移动距离。将画笔的粗细设为"长度"的三分之一，使线段随着其长度而逐渐变细，进而形成树干、树枝和树叶的差别。使用"将大小设为 9999"积木是一个小技巧，可以让画笔移到舞台可见区域之外，避免画笔移动到舞台边缘时发生错位，从而使画出的树木变形。

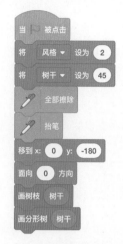

图 6-10-2 主程序的代码

图 6-10-3 "画树枝"过程的代码

（2）编写"画分形树"过程的代码。

如图 6-10-4 所示，在"画分形树"过程中，首先设置递归调用的结束条件，即绘制线段的"长度"小于 1 时，将停止该过程的执行，递归调用也就此结束；然后调用"勾股树"过程从主枝末端向左右两边各画出一个分枝，并对分枝不断地进行迭代，生成更多分枝。之后，按概率随机调用"画分形树"过程进行更多次的迭代，从而使树冠疏密有致。

如图 6-10-5 所示，在"勾股树"过程中，根据参数变量"长度"（即主枝的长度）计算出左右两个分枝的长度，并调用"画树枝"过程画出两个分枝（线段）；同时，也调用"画分形树"过程对新分枝进行迭代，即以一个新分枝作为主枝，又迭代出两个新分枝。这样经过若干次迭代，树木的样子渐渐变得清晰，粗一些的线段像是树干、树枝，而比较细的线段像是树叶。

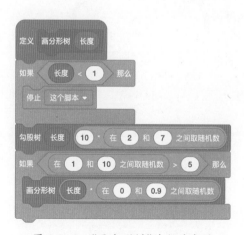

图 6-10-4 "画分形树"过程的代码

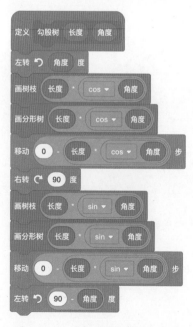

图 6-10-5 "勾股树"过程的代码

（3）编写"设置颜色"过程的代码（见图 6-10-6）。

在"设置颜色"过程中，根据参数变量"长度"（线段的长度）选择使用不同的颜色绘制。例如，长度小于 1 的线段视为树枝上的嫩叶，用浅绿色画出；小于 1.5 的线段视为树叶，用深绿色画出；其他长度的线段视为树干或树枝，用褐色画出。

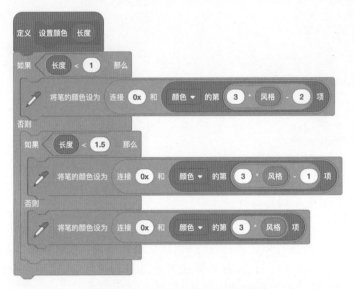

图 6-10-6 "设置颜色"过程的代码

在"颜色"列表中存放有 4 种风格的颜色值，可以用于绘制春、夏、秋、冬四种主题的树木（见图 6-10-7）。通过"风格"变量从列表中读取颜色值，然后用于"将笔的颜色设为……"积木（带颜色选取框）以设置画笔颜色。

图 6-10-7 不同风格的分形树

该作品的其他代码限于篇幅未能列出和说明，请在该作品的模板文件中查看代码和阅读注释。

第 7 章 物 理 探 索

7.1 从 10 亿光年到 0.1 飞米

？ 作品描述

    该作品用于展示从 10 亿光年到 0.1 飞米不同距离下观察到的世界，作品效果见图 7-1-1。遥远有多远？让我们以光的速度飞行 10 万年，到达遥远的宇宙深处，观看整个银河系的样子。微小有多小？让我们进入微观世界，在 10 飞米的距离下，观看原子核的特写。用一组让人震撼的图片，开启我们在物理世界的神奇之旅。

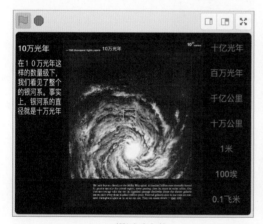

(a) 银河系全貌

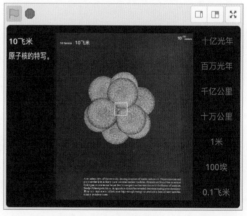

(b) 原子核特写

图 7-1-1 作品效果图

创作思路

    该作品采用拉近或推远的镜头特效技术实现两张图片的平滑切换，用鼠标滚轮或键盘上、下方向键选择浏览上一张或下一张图片。

编程实现

    先观看资源包中的作品演示视频 7-1. mp4，再打开模板文件 7-1. sb3 进行项目创作。

该作品用到的 11 个角色见图 7-1-2。其中，"组图"角色提供 42 张不同距离下观察世界的图片；"底图"角色具有与"组图"角色一样的造型列表，用于在"组图"角色切换图片的镜头特效中作为背景图，"底图"角色始终处于"组图"角色之下；"边框"角色作为展示图片的边框，使图片的可见区域一致；"注释"角色用于显示对所展示图片的说明；其他 7 个角色作为按钮使用，可以快速地让"组图"角色直接展示某个距离的图片。

图 7-1-2　角色列表

该作品主要是对"组图"角色进行编程，下面对核心功能进行说明。

（1）编写控制"组图"角色切换展示图片的代码（见图 7-1-3）。

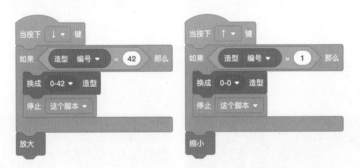

图 7-1-3　响应放大或缩小图片的操作

"组图"角色的造型列表中有 42 个用于展示的图片造型。在"当按下↓键"积木下，按照造型编号的升序切换图片造型，并限制切换的最大造型编号是 42。通过调用"放大"过程实现拉近镜头的特效展示。在"当按下↑键"积木下，按照造型编号的降序切换图片造型，并限制切换的最小造型编号是 1。通过调用"缩小"过程实现推远镜头的特效展示。

（2）编写实现拉近或推远的镜头特效的代码（见图 7-1-4）。

拉近或推远的镜头特效是通过增大或减小角色大小的方式实现的，并通过不断增加角色的透明度，使得图片的切换呈现平滑过渡的效果。在"放大"过程中，利用循环结构不断调用"放大角色"过程，实现角色逐渐被放大和变透明的效果。在"缩小"过程中，利用循环结构不断调整角色的大小、位置和虚像特效值，实现角色逐渐被缩小和变透明的效果。

（3）编写"放大角色"过程和"切换造型"过程的代码（见图 7-1-5）。

在"放大角色"过程中，根据"倍率"变量略微调整角色的位置和用虚像特效积木调整角色的透明度。在调整角色大小时，需要先切换到一个空造型，才能将角色改变到需要的大小。

在"切换造型"过程中，先将角色恢复为正常值（位置设为舞台中心、虚像特效设为 0、角色大小设为 100），再根据参数变量"编号"切换角色的造型。

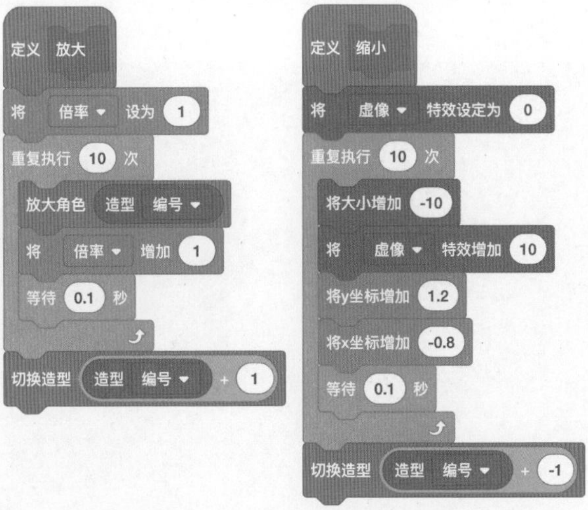

图 7-1-4 拉近或推远的镜头特效

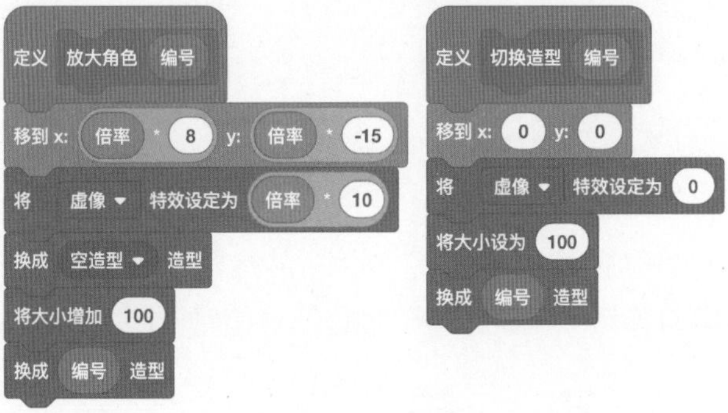

图 7-1-5 "放大角色"过程和"切换造型"过程的代码

该作品的其他代码限于篇幅未能列出和说明,请在该作品的模板文件中查看代码和阅读注释。

7.2 地球和月球的运动

作品描述

该动画作品用于演示地球和月球的运动,作品效果见图 7-2-1。在宇宙中,地球在自转的同时还绕太阳公转,月球在绕地球公转的同时,也被地球带着一同绕太阳转。在该作品中,通过观察月球运动留下的轨迹,可以看到天体运动的复杂性。

创作思路

该作品主要实现采用极坐标的方式控制"地球"角色和"月球"角色进行圆周运动。

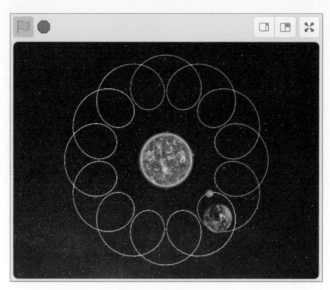

图 7-2-1 作品效果图

编程实现

先观看资源包中的作品演示视频 7-2.mp4,再打开模板文件 7-2.sb3 进行项目创作。

该作品用到的 4 个角色见图 7-2-2。其中,"太阳"角色位于舞台中心做自转运动;"地球"角色在做自转运动的同时绕着"太阳"角色做公转运动;"月球"角色围绕"地球"角色做公转运动;"月球轨迹"角色用于绘制"月球"角色的运动轨迹。

图 7-2-2 角色列表

该作品主要是对"地球"角色和"月球"角色进行编程,下面对核心功能进行说明。

(1)编写"地球"角色的代码(见图 7-2-3)。

在"地球"角色中创建两个私有变量"公转"和"自转",分别用来控制"地球"角色公转和自转的方向,初始值都设为 0。然后,在一个循环结构中采用极坐标的方式控制"地球"角色的运动。每次移动时,先将"地球"角色移到"太阳"角色的坐标处,然后面向"公转"方向,移动 120 步,再面向"自转"方向。之后将"自转"变量和"公转"变量分别增加一个角度值(取负值为按逆时针方向运动),并重复前面的移动步骤,即可实现"地球"角色的自转和公转运动。

(2)编写"月球"角色的代码(见图 7-2-4)。

控制"月球"角色运动的方式与"地球"角色是相同。由于月球自转周期与公转相等,因此月球始终以同一面朝向着地球。所以,在代码中只控制"月球"角色绕"地球"角色做公转运动。另外,在"月球"角色移动时,广播"画月球轨迹"消息给"月球轨迹"角色,由其负责绘制"月球"角色的运动轨迹。

图 7-2-3　"地球"角色的代码　　　图 7-2-4　"月球"角色的代码

该作品的其他代码限于篇幅未能列出和说明，请在该作品的模板文件中查看代码和阅读注释。

7.3　小猫的影子

?｜作品描述

该作品用于演示光源与被照射物体之间的距离对影子大小的影响，作品效果见图 7-3-1。移动火把慢慢靠近小猫，在墙上出现的小猫影子就会越来越大；移动火把慢慢远离小猫，在墙上出现的小猫影子就会越来越小。

图 7-3-1　作品效果图

创作思路

影子的大小与物体和光源之间的距离有关，即距离大，影子小；距离小，影子大；物体离光源的距离越来越远，被照射物体的影子越来越小。

编程实现

先观看资源包中的作品演示视频7-3.mp4，再打开模板文件7-3.sb3进行项目创作。

该作品用到的4个角色见图7-3-2。其中，"小猫"角色用于作为影子的参照物，固定在舞台中间；"影子"角色用于作为小猫被火光照射后生成的影子效果；"火把"角色用于作为光源；"小车"角色用来遮挡"小猫"角色的脚部，使画面协调。

图7-3-2　角色列表

该作品主要是对"影子"角色和"火把"角色进行编程，下面对核心功能进行说明。

（1）编写"影子"角色的代码（见图7-3-3）。

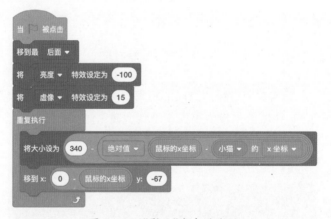

图7-3-3　"影子"角色的代码

"影子"角色的小猫造型与"小猫"角色是相同的，使用亮度和虚像特效积木将"影子"角色的小猫造型处理成黑色的影子效果（即亮度值为−100、虚像值为15）。然后，根据鼠标的x坐标与小猫的x坐标之间的距离调整影子角色的大小和位置，呈现"距离大影子小、距离小影子大"的效果。

（2）编写"火把"角色的代码（见图7-3-4）。

"火把"角色作为由玩家控制的光源，始终跟随鼠标的x坐标做水平方向的移动。

该作品的其他代码限于篇幅未能列出和说明，请在该作品的模板文件中查看代码和阅读注释。

图7-3-4　"火把"角色的代码

7.4 光的色散

作品描述

该动画作品用于演示光的色散原理,作品效果见图 7-4-1。棱镜是利用光学材料对不同波长的光折射率不同来实现分光的。当白光射入棱镜后,由于不同波长的光折射率不同,从棱镜射出时偏转的角度也不同,从而将它们分开,形成红、橙、黄、绿、蓝、靛、紫七种色光,即色散。

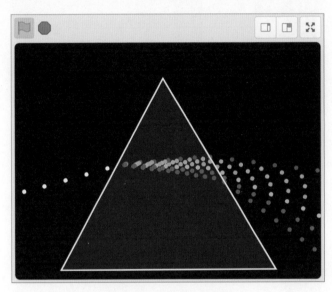

图 7-4-1　作品效果图

创作思路

该动画作品主要实现模拟白光通过棱镜后发生的色散现象。在舞台上放置一个"棱镜"角色,让白光从"棱镜"角色的左侧射入,通过"棱镜"角色时会被分解为各单色光,然后从"棱镜"角色的右侧射出。把光用粒子形式体现,利用克隆技术不停地生成白色的粒子,当它们进入棱镜时会裂变为七种彩色的粒子,并让它们移动的方向也发生偏转。

编程实现

先观看资源包中的作品演示视频 7-4. mp4,再打开模板文件 7-4. sb3 进行项目创作。

在该作品的模板文件中,已经预置了舞台背景、"粒子"角色、"棱镜边框"角色、"棱镜内部"角色。为了方便编程,将棱镜分为棱镜边框和棱镜内部两个角色。

(1) 编写白色粒子的控制代码(见图 7-4-2)。

白色粒子和彩色粒子的控制代码都放在"粒子"角色中,使用全局变量"类型"来区分不同的粒子。该变量有两个值,1 表示白色粒子,2 表示彩色粒子。

当项目运行后,使用一个循环结构不停地创建白色粒子的克隆体,并让它们从舞台左侧边缘面向棱镜移动，从棱镜左侧边框进入棱镜内部。之后，调用"分离色光"过程生成 7 种彩色粒子的克隆体。

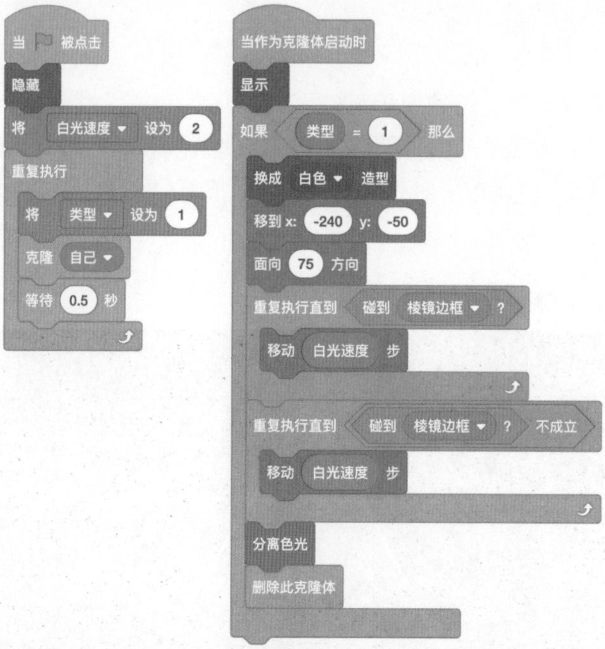

图 7-4-2 白色粒子的控制代码

（2）编写彩色粒子的控制代码（见图 7-4-3）。

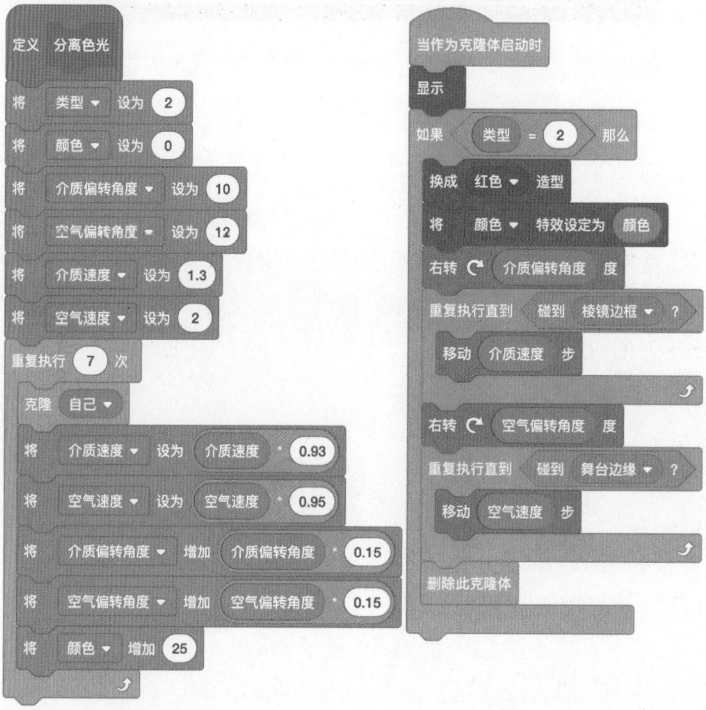

图 7-4-3 彩色粒子的控制代码

不同波长的光在棱镜和空气中的传播速度和偏转角度不同。为此,使用"介质速度""空气速度""介质偏转角度""空气偏转角度"等私有变量进行调节,使各种颜色的粒子有不同的表现。

当"分离色光"过程被调用执行后,在一个循环结构中创建7种彩色粒子的克隆体,并给它们的私有变量设定不同的值,使这些克隆体在棱镜内部和棱镜外部的移动速度和方向表现出差异。

(3)编写"棱镜内部"角色的代码(见图7-4-4)。

"棱镜内部"角色的造型被填充为白色,在该角色的代码中将虚像特效设定为85,使之呈现不完全透明的效果。

该作品的其他代码限于篇幅未能列出和说明,请在该作品的模板文件中查看代码和阅读注释。

图 7-4-4 "棱镜内部"角色的代码

7.5 激光打蝙蝠

? 作品描述

该游戏作品是一款利用光的反射原理制作的射击小游戏,作品效果见图7-5-1。玩家用激光枪射击舞台顶部出现的一群蝙蝠怪,但是却被舞台中央的一块巨石挡住了。怎么办?利用舞台左右两端的两块平面镜改变光的传播路线,用反射的激光消灭蝙蝠怪。

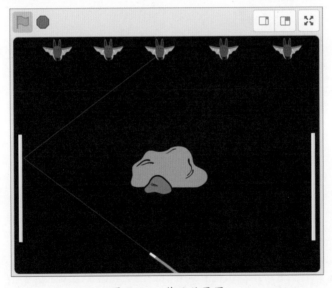

图 7-5-1 作品效果图

💡 创作思路

该游戏作品主要是实现使用激光射击蝙蝠怪。当没有障碍物时,激光沿直线传播,直接射向目标;当有障碍物时,利用平面镜改变光的传播路线,将激光反射到目标。

▦▶ 编程实现

　　先观看资源包中的作品演示视频 7-5.mp4，再打开模板文件 7-5.sb3 进行项目创作。

　　该作品用到的 7 个角色见图 7-5-2。其中，"左平面镜"角色和"右平面镜"角色分别放在舞台的左右两侧，用于反射激光；"光线"角色用于绘制红色的激光光线去射击目标；"激光枪"角色用于指示射击方向；"蝙蝠"角色负责创建一群蝙蝠克隆体，是被消灭的对象；"石头"角色放置在舞台中央，给玩家射击增加困难；"辅助线"角色用于绘制一条发射激光的辅助线，帮助玩家射击目标。

图 7-5-2　角色列表

　　该游戏作品主要是对"光线"角色进行编程，下面对核心功能进行说明。

　　(1) 编写"光线"角色的主程序和初始化的代码（见图 7-5-3）。

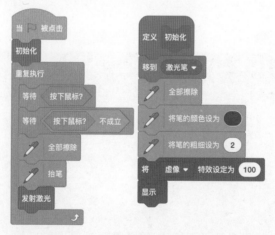

图 7-5-3　主程序和初始化的代码

　　在主程序中，先进行初始化，然后等待玩家按下鼠标键后，调用"发射激光"过程绘制一束红色光线攻击蝙蝠。在"初始化中"过程中，将"光线"角色移到"激光枪"角色的位置；设置画笔的颜色和大小；设置虚像特效值为 100，使角色完全透明，但仍能进行碰撞检测。

　　(2) 编写"发射激光"过程和"画光线"过程的代码（见图 7-5-4）。

　　在"发射激光"过程中，从"激光枪"角色的位置面向鼠标指针，调用"画光线"过程绘制一条红色的线段。如果碰到舞台边缘、"石头"角色或"蝙蝠"角色，就停止画线。否则，一直调用"光线移动"过程控制画笔向前移动绘制红色的线段。

　　(3) 编写"光线移动"过程的代码（见图 7-5-5）。

　　在"光线移动"过程中，使用次数型循环绘制一条线段，每移动 1 步，就检测是否碰到舞

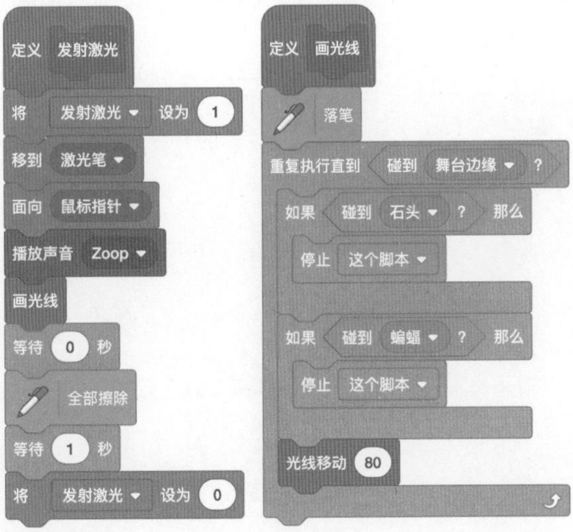

图 7-5-4 "发射激光"过程和"画光线"过程的代码

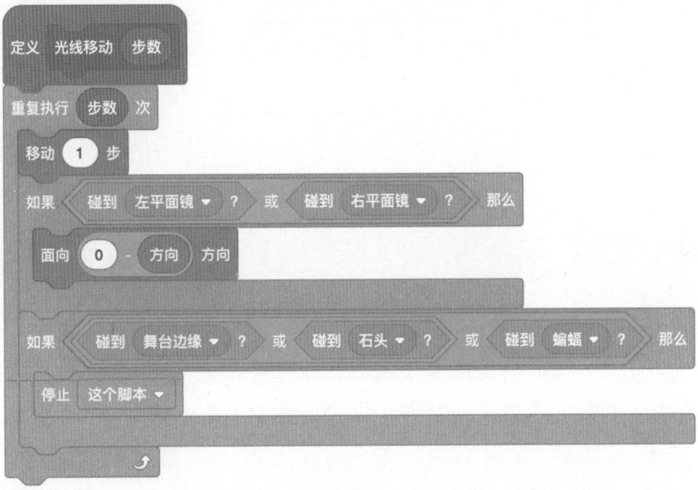

图 7-5-5 "光线移动"过程的代码

台左右两侧的平面镜。如果碰到平面镜,就需要控制光线进行反射。按照光线的反射定律调整方向,然后继续向前绘制线段,直到碰到舞台边缘、"石头"角色或"蝙蝠"角色才停止。

该作品的其他代码限于篇幅未能列出和说明,请在该作品的模板文件中查看代码和阅读注释。

7.6 指南针

作品描述

该作品用于演示指南针受磁铁的干扰而发生偏转的现象,作品效果见图 7-6-1。将磁铁的红色端(N 极)靠近指南针,则其磁针的蓝色端(S 极)将被磁铁吸引;反之,将磁铁的蓝色端(S极)靠近指南针,则其磁针的红色端(N极)将被磁铁吸引。将磁铁远离指南针,则其磁针的蓝色端(S极)又重新指向南方。

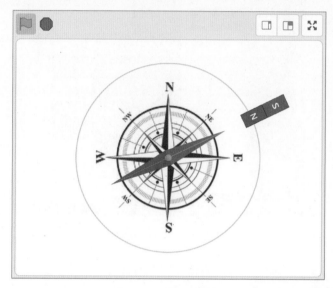

图 7-6-1　作品效果图

创作思路

该作品主要实现指南针的基本功能,以及根据磁极间的相互作用规律实现用磁铁干扰指南针的指向。

编程实现

先观看资源包中的作品演示视频 7-6.mp4,再打开模板文件 7-6.sb3 进行项目创作。

该作品用到的 4 个角色见图 7-6-2。其中,"指南针"角色默认自动指向南方,被磁铁干扰后会跟随磁铁转动;"磁铁"角色可以反转磁极,用来干扰指南针的正常工作;"方向"角色固定在舞台中心,始终指向鼠标指针,用来辅助指南针功能的实现;"表盘"角色用于呈现指南针设备的外观。

图 7-6-2　角色列表

该作品主要是对"指南针"角色和"方向"角色进行编程,下面对核心功能进行说明。

(1)编写"方向"角色的代码。

"方向"角色负责计算在受到磁铁干扰时"指南针"角色所面向的方向和指针的旋转方向(左转或右转)。

如图 7-6-3 所示,在循环结构中让"方向"角色始终面向鼠标指针,并将角色的方向记录在全局变量"方向"中,用来调整"指南针"角色的指向。如果全局变量"干扰磁极"的值为 1

(即用磁铁的S极干扰指南针),则调用"调整方向"过程修正"方向"变量的值,使其指向面向鼠标指针的反方向。这是因为磁极间具有相互作用,同名磁极相斥,异名磁极相吸。

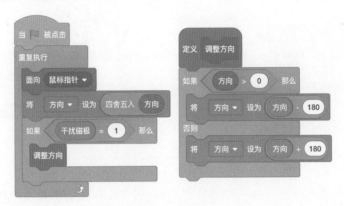

图 7-6-3　计算指南针的方向

如图 7-6-4 所示,通过"方向"变量和"方向前值"变量计算出"指南针"角色在调整方向时是向左转还是向右转。

(2)编写"指南针"角色的代码。

如图 7-6-5 所示,该代码控制"指南针"角色默认指向南方,并在受到磁铁干扰时跟随磁铁转动。"磁铁"角色始终跟随鼠标指针移动。当鼠标指针进入"指南针"角色 180 步之内时,视为受到磁铁干扰。这时就调整"指南针"角色的方向,让指针旋转到由"方向"变量值设定的方向。如果鼠标指针远离指南针(距离大于 180 步),那么就让指南针的 S 极(蓝色端)指向 180 度方向(正南)。

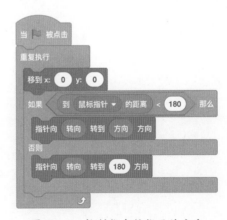

图 7-6-4　计算指南针的旋转方向　　　图 7-6-5　控制指南针指示的方向

如图 7-6-6 所示,"指针向……转到……方向"过程通过调用"旋转指针"过程实现将指针平滑地转动到目标方向。

如图 7-6-7 所示,"旋转指针……"过程用于按照一定速度和转向将指针转到目标方向。这样可以使指针的转动比较自然,避免使用"面向……方向"积木改变角色方向而造成的生硬效果。

图 7-6-6　控制指针转到目标方向

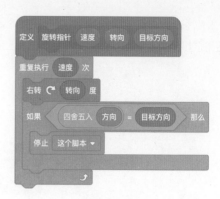

图 7-6-7　"旋转指针"过程的代码

该作品的其他代码限于篇幅未能列出和说明，请在该作品的模板文件中查看代码和阅读注释。

7.7　迫击炮打怪

？ 作品描述

该游戏作品是一个操作迫击炮打击鬼怪的小游戏，作品效果见图 7-7-1。玩家移动鼠标调整迫击炮的发射角度，然后按下鼠标键发射炮弹，炮弹将沿着一条弯曲的轨迹飞行。如果发射角度合适，炮弹就能命中躲在大楼后面的鬼怪。

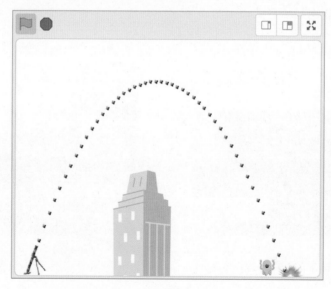

图 7-7-1　作品效果图

创作思路

该游戏作品通过模拟斜抛运动的方式控制炮弹飞行和打击目标。炮弹以一定的初始速度和水平夹角被发射出去，在水平方向上不受力，做匀速直线运动；在竖直方向上受重力影响,先向上做匀减速直线运动,到达最大高度后,再向下做匀加速直线运动。由于忽略空气阻力和迫击炮弹尾翼等影响弹道的因素,炮弹的运动轨迹是一条抛物线。

编程实现

先观看资源包中的作品演示视频 7-7.mp4,再打开模板文件 7-7.sb3 进行项目创作。

该作品用到的 4 个角色见图 7-7-2。其中,"迫击炮"角色用于设定炮弹的发射角度和发出攻击指令;"炮弹"角色用于以斜抛运动的方式飞向目标;"鬼怪"角色用于作为被攻击的目标,出现在舞台底部大楼的右侧;"大楼"角色用于作为障碍物,增加攻击目标的难度。

图 7-7-2　角色列表

该游戏作品主要是对"炮弹"角色进行编程,下面对核心功能进行说明。

(1) 编写炮弹初始化的代码(见图 7-7-3)。

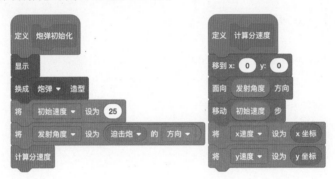

图 7-7-3　炮弹初始化

迫击炮弹的初始速度和发射角度是其飞行轨迹中的关键因素,分别使用变量"初始速度"和"发射角度"存放这两个数值。然后,调用"计算分速度"过程把炮弹的初始速度分解为水平方向上的速度和竖直方向上的初速度,分别存放在变量"x 速度"和"y 速度"中。分解的方法是,先把"炮弹"角色移到坐标原点(0,0)处,然后面向由"发射角度"变量决定的方向,再移动到由"初始速度"变量决定的距离处,这时炮弹的 x 坐标和 y 坐标的值分别是水平方向上的速度和竖直方向上的初速度。

(2) 编写炮弹飞行的代码(见图 7-7-4)。

炮弹克隆体从"迫击炮"角色所在位置发射,然后在飞行中不断地改变炮弹的坐标,以抛物线的轨迹朝着目标飞去。在水平方向上,炮弹不受力,做匀速直线运动,速度等于"x 速度",每次改变 x 坐标时增加量为"x 速度"的值;在竖直方向上,做竖直上抛运动,初速度等于"y 速度",每次改变 y 坐标时增加量为"y 速度"的值。

同时,炮弹在竖直方向上受重力影响,需要每次将变量"y 速度"减小一个数值(这里取值−1,可尝试修改为其他值)。这样可以使得炮弹向上运动的速度逐渐减小,直到达到最大高度时为零。然后,重力会使炮弹向下运动的速度逐渐增大,直到炮弹再次回到发射点高度时,竖直速度恢复到发射时的初速度。通过查看"日志"列表中记录的"y 速度"变量值的变

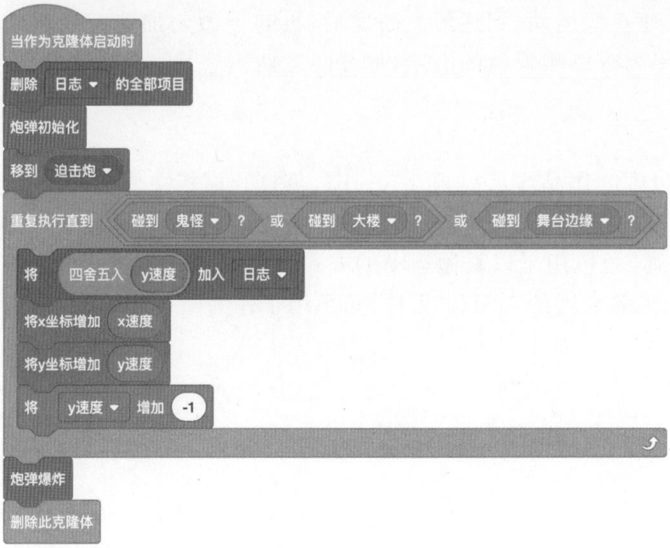

```
当作为克隆体启动时
删除 日志 ▾ 的全部项目
炮弹初始化
移到 迫击炮 ▾
重复执行直到 〈 碰到 鬼怪 ▾ ? 〉 或 〈 碰到 大楼 ▾ ? 〉 或 〈 碰到 舞台边缘 ▾ ? 〉
    将 四舍五入 y速度 加入 日志 ▾
    将x坐标增加 x速度
    将y坐标增加 y速度
    将 y速度 ▾ 增加 -1
炮弹爆炸
删除此克隆体
```

图 7-7-4　炮弹飞行的代码

化，就容易理解炮弹的运动特点。

　　在炮弹的飞行过程中，如果碰到鬼怪、大楼、舞台边缘中的任何一个，就停止飞行，然后让炮弹爆炸，再将该炮弹克隆体删除。如此就完成了一个炮弹克隆体的生命周期。

　　该作品的其他代码限于篇幅未能列出和说明，请在该作品的模板文件中查看代码和阅读注释。

7.8　鸡蛋的沉浮

作品描述

　　该作品通过鸡蛋的沉浮演示水中含盐量与浮力的关系，作品效果见图 7-8-1。一个鸡蛋沉在杯底，通过多次向杯中加入盐粒，不断改变水的浮力，从而让鸡蛋从杯底浮起来。

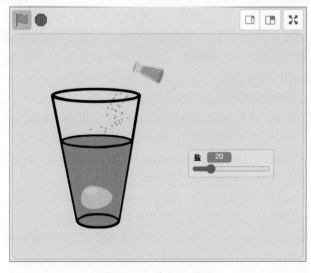

图 7-8-1　作品效果图

创作思路

等体积水里所含的盐越多,密度越大,浮力和密度成正比,所以含盐量越高,浮力就越大。该作品根据杯中液体含盐量的多少来决定鸡蛋上浮的位置,通过单击一个装有盐的小瓶子向杯中不断添加盐粒,或者通过一个滑杆变量调整含盐量,从而控制鸡蛋的沉浮。

编程实现

先观看资源包中的作品演示视频 7-8. mp4,再打开模板文件 7-8. sb3 进行项目创作。

该作品用到的 6 个角色见图 7-8-2。其中,"鸡蛋"角色是该作品的主角,由水中含盐量决定鸡蛋沉浮的位置;"水""杯子""杯子边缘"等角色作为道具存在,不参与交互;"盐瓶"和"盐粒"角色作为配角,当玩家单击"盐瓶"角色时,就向水杯中加入一些盐粒(生成盐粒克隆体)。

图 7-8-2 角色列表

该作品主要是对"鸡蛋"角色进行编程,下面对核心功能进行说明。

如图 7-8-3 所示,这是控制"鸡蛋"角色出现位置的代码。项目运行时,全局变量"盐"的值设为 0。根据公式"$-103+108*(盐/100)$"计算得值-103,即"鸡蛋"角色将从 y 坐标为 130 处慢慢落下,并沉入杯子底部 y 坐标为-103的位置。

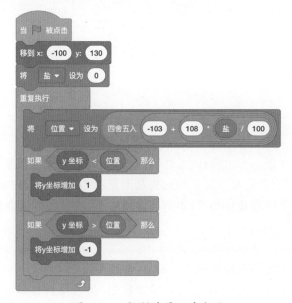

图 7-8-3 控制鸡蛋沉浮代码

然后,通过单击盐瓶添加盐粒,或者直接拖动"盐"变量的滑杆来改变含盐量,使鸡蛋位置发生变化。鸡蛋停留的位置通过公式计算,记录在变量"位置"中。当"鸡蛋"角色的 y 坐标小于"位置"变量的值时,鸡蛋向上移动;当"鸡蛋"角色的 y 坐标大于"位置"变量的值时,鸡蛋向下移动。当"鸡蛋"角色的 y 坐标等于"位置"变量的值时,鸡蛋悬浮不动。

该作品的其他代码限于篇幅未能列出和说明,请在该作品的模板文件中查看代码和阅读注释。

7.9　天平秤

作品描述

该作品通过模拟一个简易的天平秤演示利用砝码称量物体的质量,作品效果见图 7-9-1。想知道鸡蛋、苹果、香蕉和草莓酱的质量分别是多少吗？将其中一个物品放入天平秤左边的托盘,再挑选不同大小的砝码放入右边的托盘,当左右两边平衡时,物品质量自然知晓。

图 7-9-1　作品效果图

创作思路

该作品主要实现制作一个由横杆、支杆、托盘和砝码等组成的简易天平秤。称量时,物品放在左托盘,砝码放在右托盘。如果两边托盘质量不相等,则横杆向质量大的一边倾斜,同时托盘也下移。如果两边质量相等,则横杆保持水平,并报告称量物品的质量。

编程实现

先观看资源包中的作品演示视频 7-9.mp4,再打开模板文件 7-9.sb3 进行项目创作。

该作品用到的 8 个角色见图 7-9-2。其中,"物品"角色是被称量的对象,有鸡蛋、苹果、香蕉和草莓酱;"砝码"角色用于称量物品的质量,提供一组不同重量的砝码;"横杆"角色用于判断物品和砝码的质量是否相等,并呈现平衡或倾斜的效果;"支杆""左盘""右盘""左盘挂绳"和"右盘挂绳"角色用于组成一个完整的天平秤。

图 7-9-2　角色列表

该作品主要是对"物品"角色、"砝码"角色和"横杆"角色进行编程，下面对核心功能进行说明。

（1）编写"横杆"角色的代码。

如图 7-9-3 所示，在"横杆"角色的主程序中，通过不断地检测左右两边的质量，控制横杆向左倾斜，或向右倾斜，或恢复平衡。如果左边质量大于右边质量，就调用"左盘下降"过程控制"横杆"角色向左边倾斜，"左盘"角色和"物品"角色向下移动，"右盘"角色和"砝码"角色向上移动；如果左边质量小于右边质量，就调用"左盘上升"过程控制"横杆"角色向右倾斜，"左盘"角色和"物品"角色向上移动，"右盘"角色和"砝码"角色向下移动；如果左边质量等于右边质量，就调用"左右盘恢复平衡"过程控制"横杆"角色恢复平衡状态。

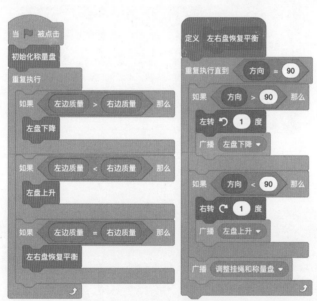

图 7-9-3　控制横杆倾斜或恢复平衡的代码

在"左右盘恢复平衡"过程中，如果"横杆"角色的方向大于 90，就向左旋转；如果方向小于 90，就向右旋转；如此反复，直到方向等于 90，就恢复到平衡状态。在此过程中，还需要广播"左盘下降""左盘上升""调整挂绳和称量盘"等消息，通知物品、砝码等其他角色协调动作，使整个天平秤恢复平衡。

如图 7-9-4 所示，这是"左盘上升"过程和"左盘下降"过程的代码。在"左盘上升"过程中，控制"横杆"角色不断向右旋转，直到方向大于 110，则停止旋转；而在"左盘下降"过程中，控制

"横杆"角色不断向左旋转,直到方向小于70,则停止旋转。在这两个过程中,还要广播"调整挂绳和称量盘""左盘上升"或"左盘下降"等消息,通知物品、砝码等其他角色协调动作。

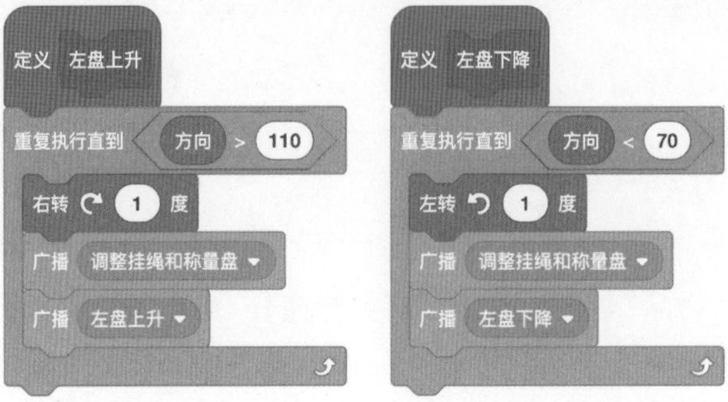

图 7-9-4 "左盘上升"过程和"左盘下降"过程的代码

如图 7-9-5 所示,这是判断称量是否完成的代码。如果天平秤左右两边质量相等,并且右边质量大于 0(有砝码),则视为称量完成,右边砝码的质量即为左边物品的质量。

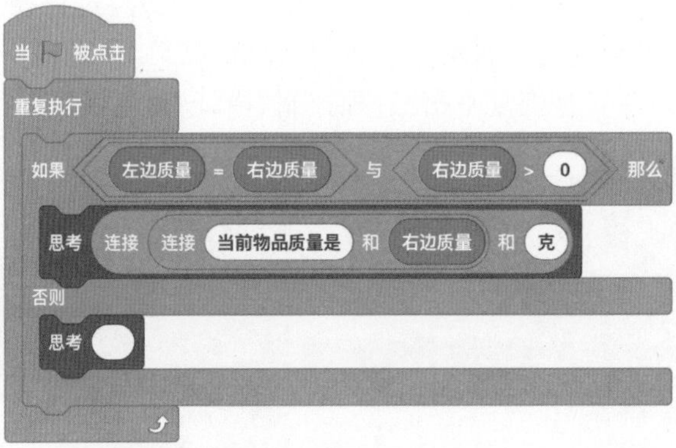

图 7-9-5 判断称量是否完成的代码

(2)编写控制物品上升或下降的代码(见图 7-9-6)。

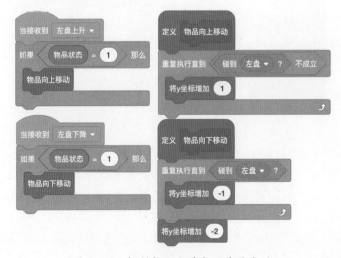

图 7-9-6 控制物品上升或下降的代码

"物品"角色的私有变量"物品状态"的值为1,表示某个物品克隆体被选中加入到左盘中。在接收到"左盘上升"或"左盘下降"的消息后,分别调用"物品向上移动"过程或"物品向下移动"过程,通过调整物品克隆体的y坐标,使其保持停靠在左盘中的状态。

(3)编写控制砝码上升或下降的代码(见图7-9-7)。

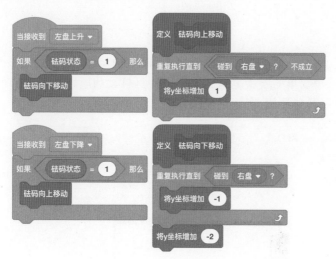

图 7-9-7 控制砝码上升或下降的代码

"砝码"角色的私有变量"砝码状态"的值为1,表示某个砝码克隆体被选中加入右盘中。在接收到"左盘上升"或"左盘下降"的消息后,分别调用"砝码向上移动"过程或"砝码向下移动"过程,通过调整砝码克隆体的y坐标,使其保持停靠在右盘中的状态。

(4)编写其他角色的代码(见图7-9-8~图7-9-11)

图 7-9-8 "左盘挂绳"角色的代码　　图 7-9-9 "右盘挂绳"角色的代码

图 7-9-10 "左盘"角色的代码　　图 7-9-11 "右盘"角色的代码

作为天平秤组成部分的"左盘挂绳""右盘挂绳""左盘""右盘"等角色,需要在"横杆"角色倾斜或恢复平衡时响应"调整挂绳和称量盘"消息,以使各角色协同动作。

该作品的其他代码限于篇幅未能列出和说明，请在该作品的模板文件中查看代码和阅读注释。

7.10 导体和绝缘体

作品描述

该作品演示使用一个简单的电路检验导体和绝缘体，作品效果见图 7-10-1。由小灯泡、电池和导线组成一个简单的检验电路。选择一种材料放到电路中断开的触点处，如果小灯泡亮，那么说明该材料是导体，否则是绝缘体。

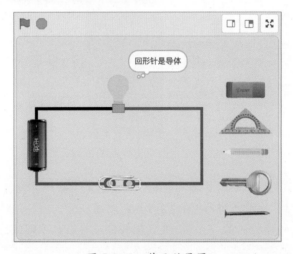

图 7-10-1　作品效果图

创作思路

使用两个列表"材料名称"和"导电性"存放导体或绝缘体的信息，然后据此实现判断选择的材料是导体或绝缘体。

编程实现

先观看资源包中的作品演示视频 7-10.mp4，再打开模板文件 7-10.sb3 进行项目创作。

图 7-10-2　角色列表

该作品用到的 3 个角色见图 7-10-2。其中，"小灯泡"角色用亮或灭的造型表示检测的材料是导体或绝缘体；"材料"角色用于显示一些导体或绝缘体以供选择；"检测电路"角色的造型中心设置在电路中的断开处，以方便定位检测材料。

该作品主要是对"小灯泡"角色和"材料"角色进行编程，下面对核心功能进行说明。

（1）编写"小灯泡"角色的代码（见图 7-10-3）。

全局变量"当前 ID"用于记录选择材料的编号，利用这个编号可以从"导电性"列表取得选择材料是否具有导电性，从"材料名称"列表取得选择材料的名称。

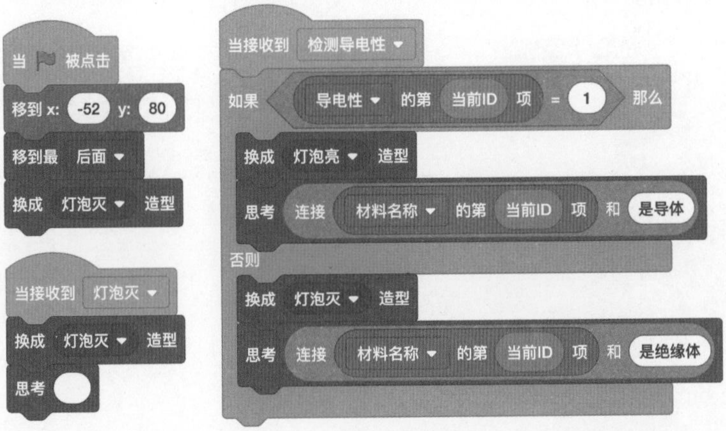

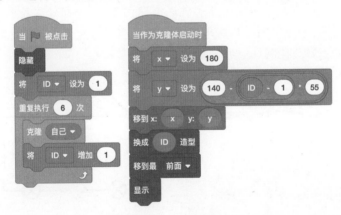

图 7-10-3 "小灯泡"角色的代码

当"小灯泡"角色接收到"检测导电性"消息后，利用"当前 ID"变量的值获取选择材料的导电性和名称，从而判断选择材料是导体或绝缘体，并据此切换"小灯泡"角色为亮或灭的造型和用"思考"积木报告检测结果。

（2）编写"材料"角色的代码。

如图 7-10-4 所示，通过克隆技术将各种检测材料展示在舞台右侧区域。每个材料克隆体通过私有变量 ID 进行区分，据此计算克隆体的显示位置和切换到对应的材料造型。

图 7-10-4 展示检测材料

如图 7-10-5 所示，当某种材料（克隆体）被单击后，视为被选择，将其 ID 值记录到全局变量"当前 ID"中，然后广播"归位"消息以通知各个未被单击的材料（克隆体）返回或保持在舞台右侧展示区，并广播"灯泡灭"消息。之后，对当前单击选择的材料进行处理。如果该材料被放在检测电路上，则将其移回展示区；否则，将其移到检测电路上，并广播"检测导电性"消息，通知"小灯泡"角色进行处理。

该作品的其他代码限于篇幅未能列出和说明，请在该作品的模板文件中查看代码和阅读注释。

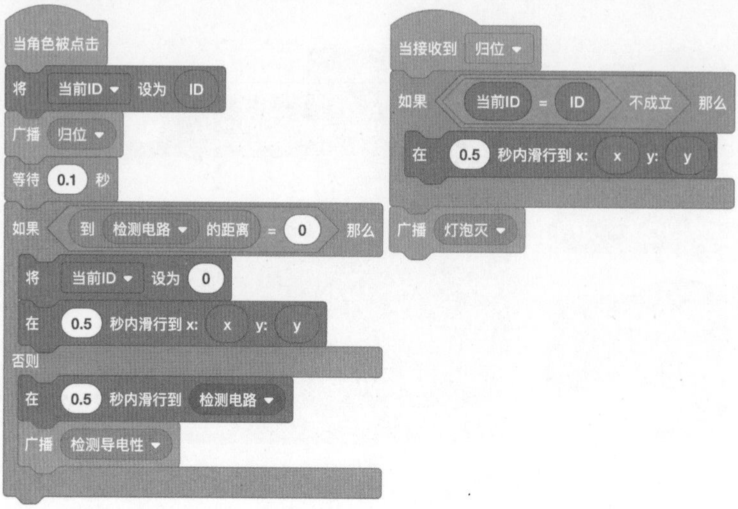

当角色被点击

将 当前ID ▼ 设为 ID

广播 归位 ▼

等待 0.1 秒

如果 < 到 检测电路 ▼ 的距离 = 0 > 那么

　将 当前ID ▼ 设为 0

　在 0.5 秒内滑行到 x: x y: y

否则

　在 0.5 秒内滑行到 检测电路 ▼

广播 检测导电性 ▼

当接收到 归位 ▼

如果 < 当前ID = ID 不成立 > 那么

　在 0.5 秒内滑行到 x: x y: y

广播 灯泡灭

图 7-10-5　处理材料被单击事件

7.11　串联和并联电路

作品描述

　　该作品使用不同模式演示串联电路和并联电路的工作,作品效果见图 7-11-1。两种模式:电路图和实物图;两种电路:串联电路和并联电路。通过单击不同按钮切换不同的模式和电路;通过单击开关控制灯泡的亮或灭。

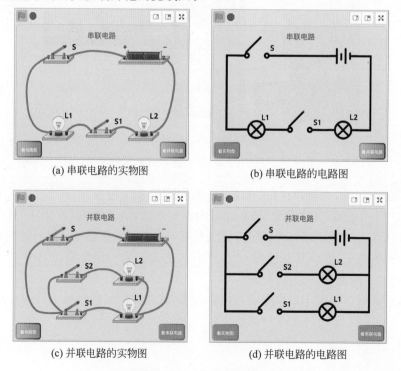

(a) 串联电路的实物图　　　　　　　(b) 串联电路的电路图

(c) 并联电路的实物图　　　　　　　(d) 并联电路的电路图

图 7-11-1　作品效果图

 创作思路

为每个部件角色分别建立实物图和电路图下使用的不同造型,然后根据变量"图形模式""电路类型"和"开关状态"的值切换到不同模式下显示串联或并联电路,并控制电路的闭合和灯泡的亮或灭。

编程实现

先观看资源包中的作品演示视频 7-11.mp4,再打开模板文件 7-11.sb3 进行项目创作。

该作品用到的 10 个角色见图 7-11-2。其中,"电池组""图形模式""电路类型""标题" 4 个角色分别有 2 个造型;"开关 S""开关 S1""开关 S2""灯泡 L1""灯泡 L2""连接线"6 个角色分别有 4 个造型。在项目运行时,根据"图形模式""电路类型"和"开关状态"变量的值切换到不同的造型。

图 7-11-2 角色列表

该作品涉及多个角色的编程,下面对核心功能进行说明。

(1)图形模式和电路类型。

实物图和电路图之间的切换,使用全局变量"图形模式"进行控制。它可以取两个值: 1 是实物图,-1 是电路图。通过单击"图形模式"角色(按钮),控制"图形模式"变量的值在 1 和-1 之间反复变化,代码如图 7-11-3 所示。

串联电路和并联电路之间的切换,使用全局变量"电路类型"进行控制。它可以取两个值: 1 是串联电路,-1 是并联电路。通过单击"电路类型"角色(按钮),控制"电路类型"变量的值在 1 和-1 之间反复变化,代码如图 7-11-4 所示。

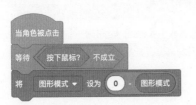

图 7-11-3 单击切换图形模式

图 7-11-4 单击切换电路类型

(2)开关状态。

在"开关 S""开关 S1""开关 S2"这 3 个角色中,都使用私有变量"开关状态"控制开关的闭合或断开。"开关状态"变量可以取两个值: 1 是闭合,-1 是断开。通过单击"开关"角色,控制"开关状态"变量的值在 1 和-1 之间反复变化。

（3）灯泡状态。

在"灯泡L1""灯泡L2"这两个角色中，都使用私有变量"灯泡状态"控制灯光的亮或灭。"灯泡状态"变量可以取两个值：1是亮，−1是灭。"灯泡状态"变量的值需要根据"电路类型"变量和各开关角色的"开关状态"变量的值来确定。

如图7-11-5所示，"灯泡L1"角色的"灯泡状态"变量的值需要由"开关S"角色和"开关S1"角色的"开关状态"变量值来确定。在串联电路和并联电路中，灯泡L1都受到开关S和开关S1控制，当这两个开关都闭合时，灯泡L1才会被点亮。在"检测灯泡状态"过程中，使用"开关S的开关状态＋开关S1的开关状态＝2"来判断两个开关同时闭合。

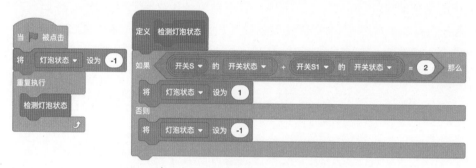

图 7-11-5　判断"灯泡L1"角色的"灯泡状态"

如图7-11-6所示，先根据"电路类型"变量的值判断灯泡L2处于串联电路或并联电路，再调用"检测灯泡状态"过程确定"灯泡状态"变量的值。在串联电路中，灯泡L2受到开关S和开关S1控制，当这两个开关都闭合时，灯泡L2才会被点亮；在并联电路中，灯泡L2受到开关S和开关S2控制，当这两个开关都闭合时，灯泡L2才会被点亮。

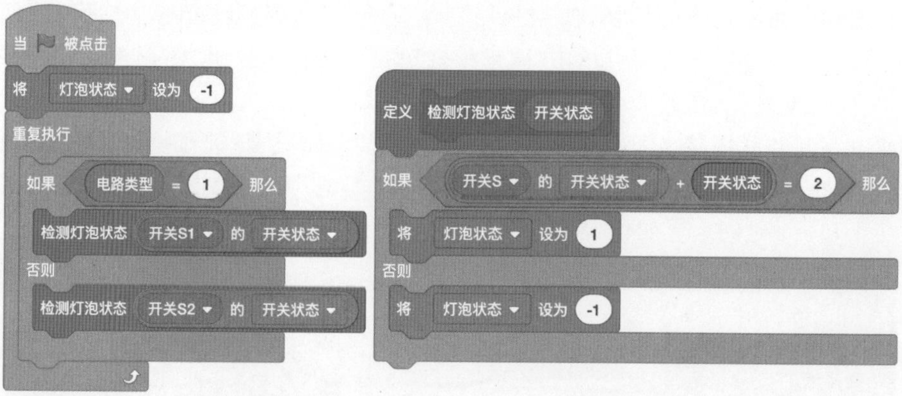

图 7-11-6　判断"灯泡L2"角色的"灯泡状态"

（4）切换角色的造型。

"电池组""图形模式""电路类型"和"标题"这4个角色都有2个造型，根据全局变量"图形模式"或"电路类型"的值切换各角色的造型即可。例如，根据"图形模式"变量的值切换"电池组"角色的2个造型，代码如图7-11-7所示。

"开关"和"灯泡"角色都有4个造型，需要根据"图形模式""电路类型""开关状态""灯泡状态"多个变量的值确定切换的造型。例如，根据"图形模式"和"开关状态"这两个变量的值切换"开关S"角色的4个造型,代码如图7-11-8所示。

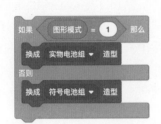

图 7-11-7 切换"电池组"角色的造型   图 7-11-8 切换"开关S"角色的造型

该作品的其他代码限于篇幅未能列出和说明,请在该作品的模板文件中查看代码和阅读注释。

7.12 欧姆定律

作品描述

该作品用于演示欧姆定律的应用,作品效果见图7-12-1。将滑动变阻器的滑块向左或向右移动可以改变其电阻值,或者通过滑杆变量调整电压值,从而影响电路中电流的大小,实现调节灯泡的明暗度。

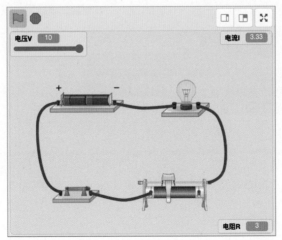

图 7-12-1 作品效果图

💡 创作思路

该作品主要实现通过对滑动变阻器的调节操作来影响灯泡的明暗度。当电路中的电阻或电压发生变化后，通过欧姆定律计算出电流的大小，再根据电流的大小调整"灯泡"角色的虚像特效值，从而实现调节灯泡的明暗度。

📋 编程实现

先观看资源包中的作品演示视频 7-12.mp4，再打开模板文件 7-12.sb3 进行项目创作。

该作品用到的 7 个角色见图 7-12-2。其中，"灯泡"角色用于根据电流大小调节灯泡的亮度；"滑块"角色用于跟随鼠标指针的移动调节电阻的大小；"开关"角色用于控制电路的闭合和断开状态；"电池组"角色用于提供电压；其他几个角色用于组成完整的电路外观。

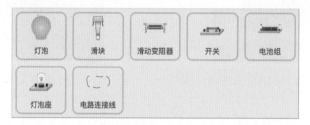

图 7-12-2　角色列表

该作品主要是对"灯泡"角色和"滑块"角色进行编程，下面对核心功能进行说明。

（1）编写控调节灯泡亮度的代码（见图 7-12-3）。

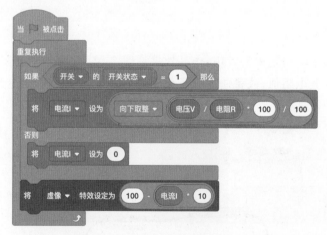

图 7-12-3　调节灯泡亮度的代码

如果"开关"角色处于闭合状态（"开关"角色的私有变量"开关状态"的值为 1），就根据欧姆定律公式计算出电流的大小，记录在"电流 I"变量中。如果"开关"角色处于断开状态，就将"电流 I"变量设置为 0。之后，根据"电流 I"变量的值设定"灯泡"角色的虚像特效值，实现调节灯泡亮度的目的。

（2）编写"滑块"角色的代码。

如图 7-12-4 所示，在"滑块"角色的主程序中，先调用"滑块初始化"过程根据"电阻 R"

变量的值设置"滑块"角色在"滑动变阻器"角色中的位置,然后等待按下鼠标键拖动滑块以改变"电阻 R"变量的值。当按下鼠标键并且鼠标的 x 坐标距离"滑动变阻器"角色的 x 坐标小于 31 个单位时,就调用"调整滑块改变电阻"过程,重新计算"电阻 R"变量的值。

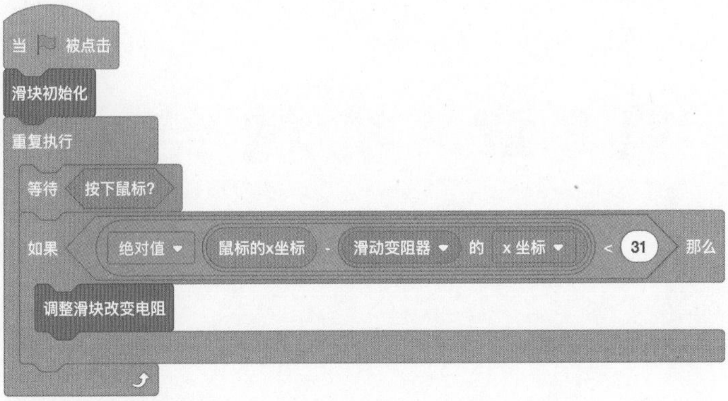

图 7-12-4 "滑块"角色的主程序代码

如图 7-12-5 所示,在"滑块初始化"过程中,将全局变量"电阻 R"初始值设为 3,将根据这个电阻值调整"滑块"角色在"滑动变阻器"角色中的位置。

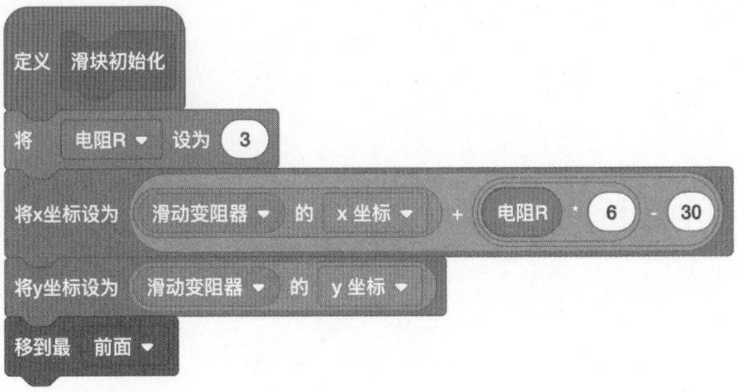

图 7-12-5 "滑块初始化"过程的代码

如图 7-12-6 所示,在"调整滑块改变电阻"过程中,将滑块的 x 坐标设为鼠标的 x 坐标,使其跟随鼠标指针在水平方向上移动;然后根据滑块位置计算出"电阻 R"变量的值。

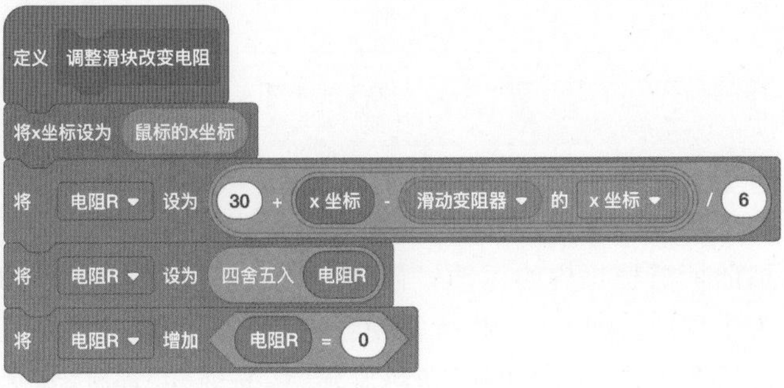

图 7-12-6 "调整滑块改变电阻"过程的代码

该作品的其他代码限于篇幅未能列出和说明,请在该作品的模板文件中查看代码和阅读注释。

第8章 机械结构

8.1 曲柄摇杆机构

作品描述

　　该动画作品用于展示曲柄摇杆机构的运动,作品效果见图8-1-1。曲柄摇杆机构是指具有一个曲柄和一个摇杆的铰链四杆机构。通常,曲柄为主动件且等速转动,而摇杆为从动件做变速往返摆动,连杆做平面复合运动。

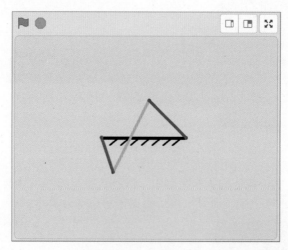

图 8-1-1　作品效果图

创作思路

　　该作品实现模拟曲柄摇杆机构的运动。创建"曲柄""连杆""摇杆""机架"等角色,以主动件"曲柄"角色作为主程序,采用消息技术实现各角色之间的联动控制,通过极坐标方式调整各个关联角色的位置和方向。当"曲柄"角色旋转时,先通知"连杆"角色调整位置和方向,再通知"摇杆"角色调整位置和方向。为便于角色的定位,创建锚点角色若干。

编程实现

先观看资源包中的作品演示视频 8-1. mp4,再打开模板文件 8-1. sb3 进行项目创作。

在该作品的模板文件中,已经预置了"曲柄""连杆""摇杆""机架"等角色(见图 8-1-2),可以通过绘图编辑器对这些角色的造型颜色、大小等进行适当修改。

图 8-1-2　角色列表

(1)编写"曲柄"角色的代码(见图 8-1-3)。

在项目运行后,将"曲柄"角色移动到"机架"角色(造型中心设在左端)。然后,在一个循环结构中,调用"左转"积木让"曲柄"角色逆时针旋转,实现等速转动。同时,广播"调整连杆"消息以通知"连杆"角色协调动作。

(2)编写"连杆"角色和"连杆锚点"角色的代码。

图 8-1-3　"曲柄"角色的代码

如图 8-1-4 所示,"连杆"角色在接收到"调整连杆"消息后,将连杆的一端与曲柄连接在一起,并将另一端指向"摇杆锚点"角色。然后,广播"锁定连杆锚点"消息以通知"连杆锚点"角色调整位置。

如图 8-1-5 所示,"连杆锚点"角色在接收到"锁定连杆锚点"消息后,将锚点锁定在连杆的末端。然后,广播"调整摇杆"消息以通知"摇杆"角色协调动作。

图 8-1-4　"连杆"角色的代码

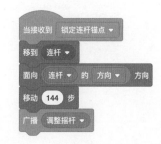

图 8-1-5　"连杆锚点"角色的代码

(3)编写"摇杆"角色和"摇杆锚点"角色的代码。

如图 8-1-6 所示,"摇杆"角色在接收到"调整摇杆"消息后,移动到"机架"角色的右端,并让自身面向连杆锚点。然后,广播"锁定摇杆锚点"消息以通知"摇杆锚点"角色调整位置。

如图 8-1-7 所示,"摇杆锚点"角色在接收到"锁定摇杆锚点"消息后,将锚点锁定在摇杆的末端。然后,广播"画连杆"消息以通知"画连杆"角色用"画笔"积木画出一个连杆。

图 8-1-6 "摇杆"角色的代码   图 8-1-7 "摇杆锚点"角色的代码

(4)编写"画连杆"角色的代码。

在制作该作品时发现,"连杆"角色的末端与"摇杆"角色连接处会出现偏离,而且曲柄转动越快,偏离就越大。为解决这个问题,将"连杆"角色隐藏,改为使用"画笔"积木绘制一个连杆。

如图 8-1-8 所示,"画连杆"角色在接收到"画连杆"消息后,从"连杆"角色所在位置到"摇杆锚点"角色所在位置绘制一条线段作为连杆。

另外,由于"画笔"积木绘制的线段会被"机架"角色遮挡一部分,看上去显得不协调。如图 8-1-9 所示,在"机架"角色的代码中,将"机架"角色隐藏,然后用"图章"积木将"机架"角色的外观绘制在舞台上,这样可以解决"画笔"积木绘制的连杆被"机架"角色遮挡的问题。

图 8-1-8 "画连杆"角色的代码   图 8-1-9 "机架"角色的代码

8.2 摆动导杆机构

作品描述

该动画作品用于展示摆动导杆机构的运动,作品效果见图 8-2-1。在导杆机构中,如果导杆能做整周转动,则称为回转导杆机构。如果导杆仅能在某一角度范围内往复摆动,则称为摆动导杆机构。在摆动导杆机构中,将曲柄的旋转运动转换成导杆的往复摆动。

图 8-2-1 作品效果图

创作思路

该作品实现模拟摆动导杆机构的运动。创建"曲柄""导杆""滑块""机架"角色,以主动件"曲柄"角色作为主程序,采用消息技术实现各角色之间的联动控制,通过极坐标方式调整各个关联角色的位置和方向。当"曲柄"角色旋转时,先通知"滑块"角色调整位置和方向,再通知"导杆"角色改变方向。

编程实现

先观看资源包中的作品演示视频 8-2.mp4,再打开模板文件 8-2.sb3 进行项目创作。

在该作品的模板文件中,已经预置了"曲柄""滑块""导杆""机架"角色(见图 8-2-2),可以通过绘图编辑器对这些角色的造型的颜色、大小等进行适当修改。

图 8-2-2 角色列表

(1)编写"曲柄"角色的代码(见图 8-2-3)。

在项目运行后,将"曲柄"角色移动到"机架"角色的前端("机架"角色面向正北)。然后,在一个循环结构中,调用"右转"积木让"曲柄"角色顺时针旋转,实现等速转动。同时,广播"调整滑块"消息以通知"滑块"角色协调动作。

(2)编写"滑块"角色的代码(见图 8-2-4)

"滑块"角色在接收到"调整滑块"消息后,将滑块移到曲柄的前端,并背向导杆(面向导杆、右转 180 度)。然后,广播"调整导杆"消息以通知"导杆"角色改变方向。

图 8-2-3 "曲柄"角色的代码

（3）编写"导杆"角色的代码（见图 8-2-5）

"导杆"角色在接收到"调整导杆"消息后，将"导杆"角色的方向改变为"滑块"角色的方向，使得滑块和导杆组合在一起运动。

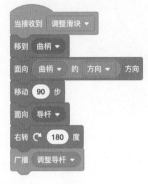

图 8-2-4　"滑块"角色的代码　　　　　图 8-2-5　"导杆"角色的代码

该作品的其他代码限于篇幅未能列出和说明，请在该作品的模板文件中查看代码和阅读注释。

8.3　对心曲柄滑块机构

作品描述

该动画作品用于展示对心曲柄滑块机构的运动，作品效果见图 8-3-1。对心曲柄滑块机构由曲柄、连杆和滑块组成，以曲柄为原动件，运动时曲柄轴和滑块的轨迹在同一轴线上。因此，滑块在往复运动过程中的轨迹相对简单，运动稳定。

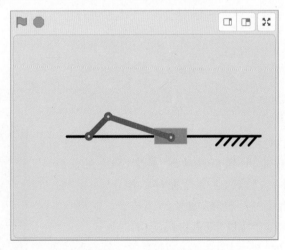

图 8-3-1　作品效果图

创作思路

该作品实现模拟对心曲柄滑块机构的运动。创建"曲柄""连杆""滑块""机架"等角色，以主动件"曲柄"角色作为主程序，采用消息技术实现各角色之间的联动控制，通过极坐标方式调整各个关联角色的位置和方向。当"曲柄"角色旋转时，先通知"连杆"角色调整位置和方向，再通知"滑块"角色移动位置。为便于角色的定位，创建锚点角色若干。

编程实现

先观看资源包中的作品演示视频 8-3.mp4，再打开模板文件 8-3.sb3 进行项目创作。

在该作品的模板文件中，已经预置了"曲柄""连杆""滑块""机架"等角色（见图 8-3-2），可以通过绘图编辑器对这些角色的造型颜色、大小等进行适当修改。

图 8-3-2　角色列表

（1）编写"曲柄"角色的代码（见图 8-3-3）。

在项目运行后，将"曲柄"角色移动到"机架"角色的左端。然后，在一个循环结构中，调用"右转"积木让"曲柄"角色顺时针旋转，实现等速转动。同时，广播"调整连杆"消息以通知"连杆"角色协调动作。

（2）编写"连杆"角色和"连杆锚点"角色的代码。

如图 8-3-4 所示，"连杆"角色在接收到"调整连杆"消息后，将连杆移到曲柄的前端，并面向"滑块"角色。然后，广播"锁定连杆锚点"消息以通知"连杆锚点"角色调整位置。

图 8-3-3　"曲柄"角色的代码

图 8-3-4　"连杆"角色的代码

如图 8-3-5 所示，"连杆锚点"角色在接收到"锁定连杆锚点"消息后，将连杆锚点移到连杆的前端，并将 y 坐标设为 0，从而使"连杆锚点"角色只能在水平方向运动。然后，广播"移动滑块"消息以通知"滑块"角色调整位置。

（3）编写"滑块"角色的代码（见图 8-3-6）。

"滑块"角色在接收到"移动滑块"消息后，将滑块移到"连杆锚点"角色所在位置。即将"滑块"角色与"连杆锚点"角色绑定在一起，从而使"滑块"角色也只能在水平方向上运动。

图 8-3-5　"连杆锚点"角色的代码　　　　　图 8-3-6　"滑块"角色的代码

　　该作品的其他代码限于篇幅未能列出和说明，请在该作品的模板文件中查看代码和阅读注释。

8.4　切比雪夫连杆机构

作品描述

　　该动画作品用于展示切比雪夫连杆机构的运动，作品效果见图 8-4-1。切比雪夫连杆机构是一种可将旋转运动转换为近似直线运动的连杆机构，属于平面四杆机构，且其构形中会出现交叉四边形。切比雪夫连杆机构经常应用于机器人的行走上。

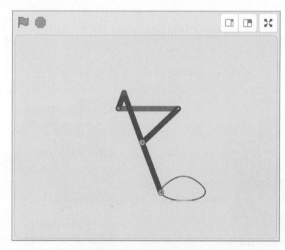

图 8-4-1　作品效果图

创作思路

　　该作品实现模拟切比雪夫连杆机构的运动。创建"曲柄""连杆""摇杆""机架"等角色，以主动件"曲柄"角色作为主程序，采用消息技术实现各角色之间的联动控制，通过极坐标方式调整各个关联角色的位置和方向。当"曲柄"角色旋转时，先通知"连杆"角色调整位置和方向，再通知"摇杆"角色调整位置和方向。为便于角色的定位，创建锚点角色若干。

▲▲
▶▶ 编程实现

先观看资源包中的作品演示视频 8-4.mp4,再打开模板文件 8-4.sb3 进行项目创作。

在该作品的模板文件中,已经预置了"曲柄""连杆""摇杆""机架"等角色(见图 8-4-2),可以通过绘图编辑器对这些角色的造型颜色、大小等进行适当修改。

图 8-4-2 角色列表

(1)编写"曲柄"角色和"曲柄锚点"角色的代码。

如图 8-4-3 所示,在项目运行后,将"曲柄"角色移到"机架"角色左端(造型中心设在左端),并面向正南方向。然后,在一个循环结构中,调用"左转"积木让"曲柄"角色逆时针旋转,实现等速转动。同时,广播"锁定曲柄锚点"消息以通知"曲柄锚点"角色协调动作。

如图 8-4-4 所示,"曲柄锚点"角色在接收到"锁定曲柄锚点"消息后,将曲柄锚点移到"曲柄"角色的前端。然后,广播"调整连杆"消息以通知"连杆"角色协调动作。

图 8-4-3 "曲柄"角色的代码

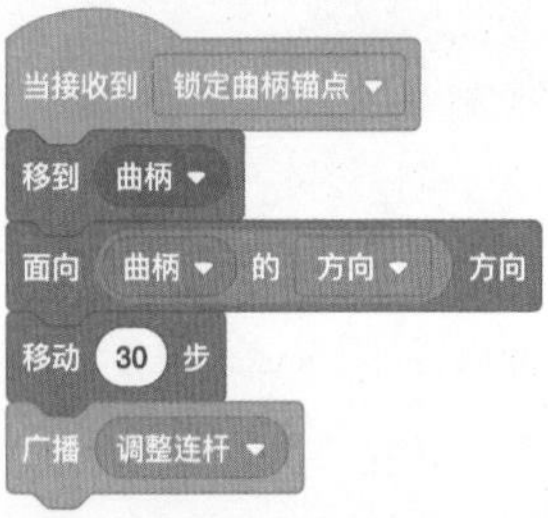

图 8-4-4 "曲柄锚点"角色的代码

(2)编写"连杆"角色和"连杆锚点"角色的代码。

如图 8-4-5 所示,"连杆"角色在接收到"调整连杆"消息后,将"连杆"角色移到"曲柄"角色的前端,并面向"摇杆锚点"角色。然后,广播"锁定连杆锚点"消息以通知"连杆"角色的两个锚点调整位置和方向。之后 ,广播"调整摇杆"消息以通知"摇杆"角色协调动作。

如图 8-4-6 所示,"连杆锚点 1"角色在接收到"锁定连杆锚点"消息后,将"连杆锚点 1"移到"连杆"角色的中间位置。该锚点用于与"摇杆"角色的前端进行连接。

如图 8-4-7 所示,"连杆锚点 2"角色在接收到"锁定连杆锚

图 8-4-5 "连杆"角色的代码

点"消息后，将"连杆锚点 2"移到"连杆"角色的前端位置。该锚点用于绘制连杆前端的运动轨迹。

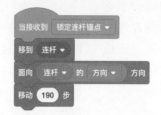

图 8-4-6　"连杆锚点 1"角色的代码　　　　　图 8-4-7　"连杆锚点 2"角色的代码

（3）编写"摇杆"角色和"摇杆锚点"角色的代码。

如图 8-4-8 所示，"摇杆"角色在接收到"调整摇杆"消息后，将"摇杆"角色移到"机架"角色右端，并面向"连杆锚点 1"角色（连杆的中间位置）。然后，广播"锁定摇杆锚点"消息以通知"摇杆锚点"角色调整位置和方向。

如图 8-4-9 所示，"摇杆锚点"角色在接收到"锁定摇杆锚点"消息后，将摇杆锚点移到摇杆的前端。该锚点用于调整"连杆"角色的方向。

图 8-4-8　"摇杆"角色的代码　　　　　图 8-4-9　"摇杆锚点"角色的代码

该作品的其他代码限于篇幅未能列出和说明，请在该作品的模板文件中查看代码和阅读注释。

8.5　插床机构

作品描述

该动画作品用于展示插床机构的运动，作品效果见图 8-5-1。这是一个由摆动导杆机构和摇杆滑块机构组成的串联式组合机构，由曲柄、导杆、连杆和滑块等组成，摆动导杆机构的导杆是摇杆机构的原动件，通过摇杆的摆动运动将连杆转化为直线运动。

创作思路

该作品实现模拟插床机构的运动。创建"曲柄""导杆""连杆""连杆滑块""导杆滑块""机架"等角色，以主动件"曲柄"角色作为主程序，采用消息技术实现各角色之间的联动控制，通过极坐标方式调整各个关联角色的位置和方向。当"曲柄"角色旋转时，先通知"导杆"

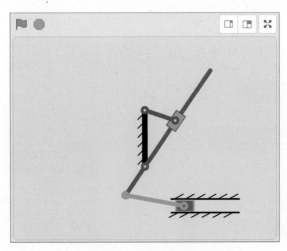

图 8-5-1 作品效果图

"滑块"角色调整位置和方向,再通知"导杆"角色调整位置和方向。然后,以导杆作为摇杆的原动件,先通知"连杆"角色调整位置和方向,再通知"连杆滑块"角色调整位置。为便于角色的定位,创建锚点角色若干。

编程实现

先观看资源包中的作品演示视频 8-5. mp4,再打开模板文件 8-5. sb3 进行项目创作。

在该作品的模板文件中,已经预置了"曲柄""导杆""连杆""连杆滑块""导杆滑块""机架"等角色(见图 8-5-2),可以通过绘图编辑器对这些角色的造型颜色、大小等进行适当修改。

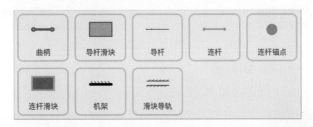

图 8-5-2 角色列表

(1)编写"曲柄"角色的代码(见图 8-5-3)。

在项目运行后,将"曲柄"角色移动到"机架"角色的前端("机架"角色面向正北)。然后,在一个循环结构中,调用"左转"积木让"曲柄"角色逆时针旋转,实现等速转动。同时,广播"调整导杆滑块"消息以通知"导杆滑块"角色协调动作。

(2)编写"导杆滑块"角色的代码(见图 8-5-4)。

"导杆滑块"角色在接收到"调整导杆滑块"消息后,将导杆滑块移到曲柄的前端,并背向导杆(面向导杆、右转 180 度)。然后,广播"调整导杆"消息以通知"导杆"角色改变方向。

图 8-5-3 "曲柄"角色的代码

(3) 编写"导杆"角色的代码(见图8-5-5)。

"导杆"角色在接收到"调整导杆"消息后,将"导杆"角色的方向改变为"导杆滑块"角色的方向,使得"导杆滑块"角色和"导杆"角色组合在一起运动。

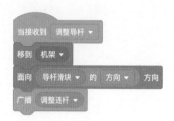

图 8-5-4 "导杆滑块"角色的代码   图 8-5-5 "导杆"角色的代码

(4) 编写"连杆"角色和"连杆锚点"角色的代码。

如图8-5-6所示,"连杆"角色在接收到"调整连杆"消息后,将"连杆"角色移到"导杆"角色的后端,并面向"连杆滑块"角色。然后,广播"锁定连杆锚点"消息以通知"连杆锚点"角色调整位置和方向。

如图8-5-7所示,"连杆锚点"角色在接收到"锁定连杆锚点"消息后,将连杆锚点移到"连杆"角色的前端,并将y坐标设为-120,从而使"连杆锚点"角色只能在水平方向运动。该锚点用于与连杆滑块进行连接,从而将连杆和连杆滑块组合在一起运动。

图 8-5-6 "连杆"角色的代码   图 8-5-7 "连杆锚点"角色的代码

图 8-5-8 "连杆滑块"角色的代码

(5) 编写"连杆滑块"角色的代码(见图8-5-8)。

"连杆滑块"角色在接收到"调整连杆滑块"消息后,将连杆滑块移到"连杆锚点"角色的位置。即将"连杆滑块"角色与"连杆锚点"角色绑定在一起,从而使"连杆滑块"角色也只能在水平方向上运动。

该作品的其他代码限于篇幅未能列出和说明,请在该作品的模板文件中查看代码和阅读注释。

8.6 方孔钻头

作品描述

该动画作品用于展示方孔钻头的工作原理，作品效果见图 8-6-1。方孔钻头把钻头的横截面做成莱洛三角形的形状，能在材料上钻出四角为圆弧的正方形的孔。莱洛三角形是一种典型的定宽曲线，当它在边长为其宽度的正方形内旋转时，每个角走过的轨迹都是带圆角的正方形。

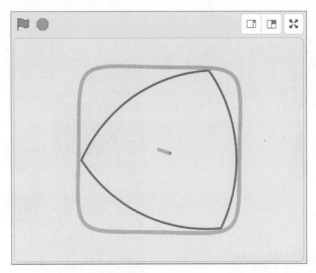

图 8-6-1 作品效果图

创作思路

该作品实现根据莱洛三角形模拟方孔钻头的运动。分别以正三角形的顶点为圆心，以其边长为半径作圆弧，由这 3 段圆弧组成的曲边三角形就是莱洛三角形。选取一个偏心位置，绘制旋转的莱洛三角形，记录其中一个角的运动轨迹，将其绘制出来就得到一个圆角正方形。

编程实现

先观看资源包中的作品演示视频 8-6.mp4，再打开模板文件 8-6.sb3 进行项目创作。

该作品不需要角色造型，完全使用"画笔"积木绘制，下面对核心功能进行说明。

（1）编写主程序和"初始化"过程的代码。

如图 8-6-2 所示，在主程序中，先调用"初始化"过程对绘制莱洛三角形需要的一些变量和列表进行初始化，然后在一个循环结构中不断地调用"画莱洛三角形"过程和"画轨迹"过程，绘制旋转的莱洛三角形及其一个顶点的运动轨迹（圆角正方形）。

在主程序中，以"方向"变量的值作为方向，以"偏心距离"变量的值作为半径，控制画笔以极坐标的方式运动，从而得到圆周上的坐标。该坐标就是莱洛三角形中心的坐标，可以据此画出运动到该位置的一个莱洛三角形。"方向"变量用来控制莱洛三角形中心的位置，该变量取负值，表示按逆时针方向旋转。"角度"变量用来控制莱洛三角形旋转的方向，该变量取正值，表示按顺时针方向旋转。而且"方向"变量的增幅是"角度"变量的 3 倍，这样莱洛三角形顶点旋转一周经过的轨迹就是一个圆角正方形。

如图 8-6-3 所示，在"初始化"过程中，调用"计算圆弧半径"过程计算出莱洛三角形的一个曲边对应的圆弧半径，再计算出 1 度对应的弧长，以方便后续的绘图。另外，设置莱洛三角形"顶点到中心距离""偏心距离""方向""角度""速度"等参数变量的初始值。

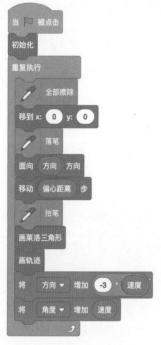

图 8-6-2　主程序的代码

图 8-6-3　"初始化"过程的代码

（2）编写"画莱洛三角形"过程和"画圆弧"过程的代码。

如图 8-6-4 所示，在"画莱洛三角形"过程中，先将当前坐标记录到 x 变量和 y 变量中，然后以这个坐标作为莱洛三角形的中心，将画笔移动到其中 1 个顶点处，并向紧邻的 1 个顶点处绘制一段圆弧，如此重复 3 次，绘制出构成莱洛三角形的 3 条曲边。之后，将画笔从其中一个顶点处向外移动 5 个单位，以该处坐标记录到 x 列表和 y 列表中，用来绘制圆角正方形的轨迹。这样可以使得绘制的莱洛三角形内嵌于圆角正方形之内。如果画笔粗细设置不同，可以自行修正。

如图 8-6-5 所示，在"画圆弧"过程中，为了修正绘制 60 度圆弧时产生的小偏差，采取多绘制 3 度的方式，并且每一度对应的弧长减少 0.2。这样使得 3 段圆弧能够闭合成一个莱洛三角形。

该作品的其他代码限于篇幅未能列出和说明，请在该作品的模板文件中查看代码和阅读注释。

图 8-6-4 "画莱洛三角形"过程的代码   图 8-6-5 "画圆弧"过程的代码

8.7 凸轮机构

作品描述

该动画作品用于展示凸轮机构的运动,作品效果见图 8-7-1。凸轮机构是由凸轮、从动件和机架三个基本构件组成的高副机构。凸轮是一个具有曲线轮廓或凹槽的构件,一般为主动件,做等速回转运动或往复直线运动。凸轮机构广泛地应用于轻工、纺织、食品、交通运输、机械传动等领域。

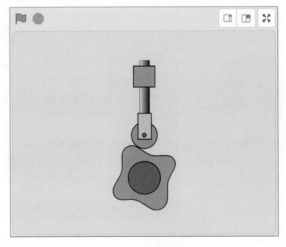

图 8-7-1 作品效果图

创作思路

　　该作品实现模拟凸轮机构的运动。创建"凸轮""从动件""机架"角色，以主动件"凸轮"角色作为主程序，采用消息技术实现各角色之间的联动控制，通过极坐标方式调整各个关联角色的位置和方向。当"凸轮"角色旋转时，通知"从动件"角色贴着凸轮轮廓进行上下位移运动。

编程实现

　　先观看资源包中的作品演示视频 8-7.mp4，再打开模板文件 8-7.sb3 进行项目创作。

　　在该作品的模板文件中，已经预置了"凸轮""从动件""机架"角色（见图 8-7-2），可以通过绘图编辑器对这些角色的造型颜色、大小等进行适当修改。

　　(1) 编写"凸轮"角色的代码（见图 8-7-3）。

　　在项目运行后，将"凸轮"角色移到舞台底部中间区域。然后，在一个循环结构中，调用"右转"积木让"凸轮"角色顺时针旋转，实现等速转动。同时，广播"调整从动件"消息以通知"从动件"角色协调动作。

图 8-7-2　角色列表

图 8-7-3　"凸轮"角色的代码

　　(2) 编写"从动件"角色的代码（见图 8-7-4）。

　　"从动件"角色在接收到"调整从动件"消息后，调用"移动从动件"过程控制"从动件"角色紧紧地贴合"凸轮"角色的边缘做上下运动。该过程需要选中"运行时不刷新屏幕"选项以加快程序的运行速度，从而使得"凸轮"角色和"从动件"角色的动作自然流畅。

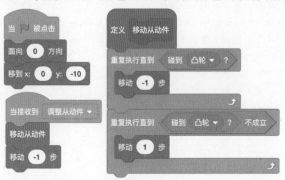

图 8-7-4　"从动件"角色的代码

该作品的其他代码限于篇幅未能列出和说明,请在该作品的模板文件中查看代码和阅读注释。

8.8 三关节机械臂

作品描述

该动画作品用于展示三关节机械臂的运动,作品效果见图 8-8-1。机械臂由一系列刚性构件(连杆)通过链接(关节)联结起来,机械手的特征在于具有用于保证可移动性的臂,提供灵活性的腕和执行机器人所需完成任务的末端执行器。机械臂分为串联机械臂和并联机械臂,该作品模拟的是串联机械臂。

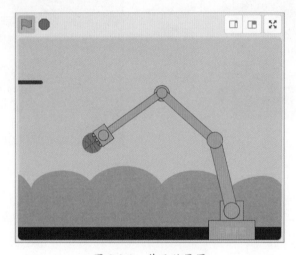

图 8-8-1 作品效果图

创作思路

该作品实现模拟三关节机械臂的运动。创建"关节 1""关节 2""关节 3""吸盘"等角色,通过 3 组按键分别操控 3 个关节做旋转运动,采用消息技术实现各角色之间的联动控制,通过极坐标方式调整各个关联角色的位置和方向。当关节 1 旋转时,通知"关节 2"角色调整位置和方向。当关节 2 旋转时,通知"关节 3"角色调整位置和方向。当关节 3 旋转时,通知"吸盘"角色调整位置和方向,同时准备吸附"篮球"角色。

编程实现

先观看资源包中的作品演示视频 8-8. mp4,再打开模板文件 8-8. sb3 进行项目创作。

在该作品的模板文件中,已经预置了"关节 1""关节 2""关节 3""吸盘""底座"等角色(见图 8-8-2),可以通过绘图编辑器对这些角色的造型颜色、大小等进行适当修改。

(1)编写"关节 1"角色的代码(见图 8-8-3)。

在"关节 1"角色的代码中,定义按键 1 控制关节 1 右转,按键 q 控制关节 1 左转。通过调用"旋转关节 1"过程改变"方向 1"变量的值,从而控制"关节 1"角色的方向。在该过程中

图 8-8-2　角色列表

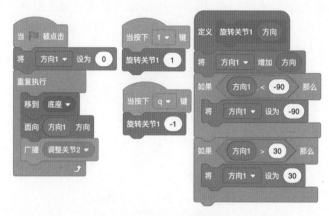

图 8-8-3　"关节 1"角色的代码

还对"关节 1"角色的旋转范围进行了限制，使之只能在角度值为－90 到 30 的范围内旋转。

项目运行后，在一个循环结构中，将"关节 1"角色固定在"底座"角色上，使用"方向 1"变量确定角色的方向，通过广播"调整关节 2"消息以通知"关节 2"角色协调动作。

（2）编写"关节 2"角色的代码（见图 8-8-4）。

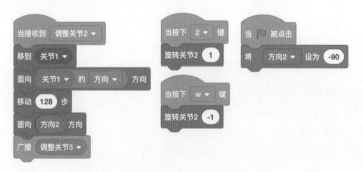

图 8-8-4　"关节 2"角色的代码

在"关节 2"角色中，定义按键 2 控制关节 2 右转，按键 w 控制关节 2 左转。通过调用"旋转关节 2"过程改变"方向 2"变量的值，从而控制"关节 2"角色的方向。

"关节 2"角色在接收到"调整关节 2"消息后，将角色移到"关节 1"角色的前端，使用"方向 2"变量确定角色的方向，通过广播"调整关节 3"消息以通知"关节 3"角色协调动作。

（3）编写"关节 3"角色的代码（见图 8-8-5）。

在"关节 3"角色中，定义按键 3 控制关节 3 右转，按键 e 控制关节 3 左转。通过调用"旋

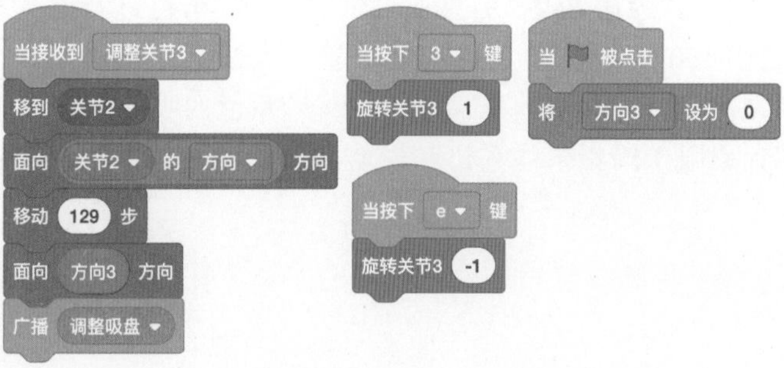

图 8-8-5 "关节 3"角色的代码

转关节 3"过程改变"方向 3"变量的值,从而控制"关节 3"角色的方向。

"关节 3"角色在接收到"调整关节 3"消息后,将角色移到"关节 2"角色的前端,使用"方向 3"变量确定角色的方向,通过广播"调整吸盘"消息以通知"吸盘"角色协调动作。

(4)编写"吸盘"角色的代码(见图 8-8-6)。

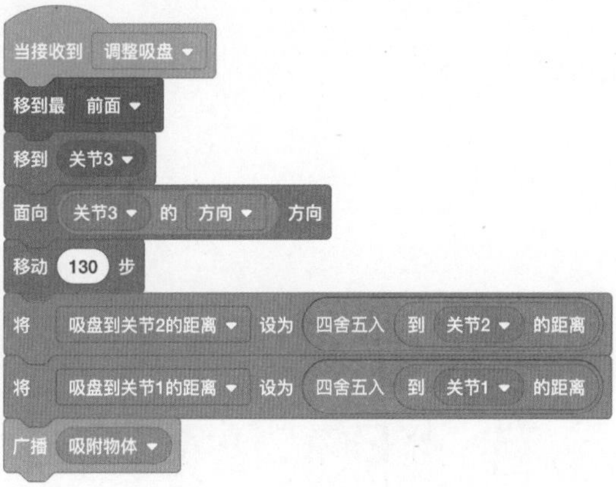

图 8-8-6 "吸盘"角色的代码

"吸盘"角色是整个机械臂的末端执行器,用于吸附篮球,并将其投掷到置物架上。"吸盘"角色在接收到"调整吸盘"消息后,将角色移到"关节 3"角色的前端,并计算出"吸盘"角色到"关节 1"角色和"关节 2"角色的距离。然后,广播"吸附物体"消息以通知"篮球"角色协调动作。

(5)编写"篮球"角色的代码(见图 8-8-7)。

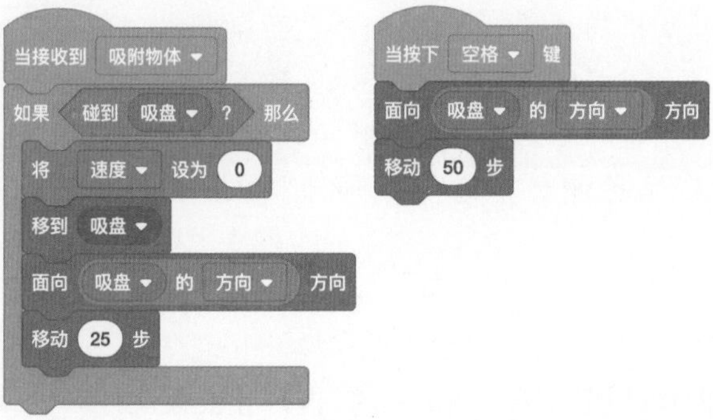

图 8-8-7 "篮球"角色的代码

"篮球"角色在接收到"吸附物体"消息后,将与"吸盘"角色进行碰撞检测,如果碰到吸盘,则将"篮球"角色固定在"吸盘"角色的前端位置。当按下空格键后,将"篮球"角色沿着"吸盘"角色的方向抛出(移动50步),从而脱离"吸盘"角色的吸附。

该作品的其他代码限于篇幅未能列出和说明,请在该作品的模板文件中查看代码和阅读注释。

8.9 磕头机

？ 作品描述

该动画作品用于展示磕头机的运动,作品效果见图8-9-1。游梁式抽油机(俗称磕头机)是油田目前主要使用的抽油机类型之一,主要由"驴头"—游梁—连杆—曲柄机构、减速箱、动力设备和辅助装备四大部分组成。工作时,电动机的转动经变速箱、曲柄连杆机构变成"驴头"的上下运动,"驴头"经光杆、抽油杆带动井下抽油泵的柱塞做上下运动,从而不断地把井中的原油抽出井筒。

图 8-9-1 作品效果图

💡 创作思路

该作品实现模拟磕头机的运动。创建"曲柄""游梁驴头""连杆""绳子""井架"等角色,以主动件"曲柄"角色作为主程序,采用消息技术实现各角色之间的联动控制,通过极坐标方式调整各个关联角色的位置和方向。当"曲柄"角色旋转时,先通知"连杆"角色调整位置和方向,再通知"游梁驴头"角色调整方向,然后通知"绳子"角色调整位置。为便于角色的定位,创建锚点角色若干。

▤ 编程实现

先观看资源包中的作品演示视频8-9.mp4,再打开模板文件8-9.sb3进行项目创作。

在该作品的模板文件中,已经预置了"曲柄""连杆""游梁驴头""绳子""井架"等角色(见

图 8-9-2），可以通过绘图编辑器对这些角色的造型颜色、大小等进行适当修改。

图 8-9-2 角色列表

（1）编写"曲柄"角色的代码（见图 8-9-3）。

在项目运行后，在一个循环结构中，调用"左转"积木让"曲柄"角色逆时针旋转，实现等速转动。同时，广播"调整连杆"消息以通知"连杆"角色协调动作。

（2）编写"连杆"角色和"连杆锚点"角色的代码。

如图 8-9-4 所示，"连杆"角色在接收到"调整连杆"消息后，将"连杆"角色移到"曲柄"角色的前端，并面向"游梁锚点 2"角色。即使用连杆将曲柄和游梁连接起来。然后，广播"锁定连杆锚点"消息以通知连杆锚点调整位置和方向。

图 8-9-3 "曲柄"角色
的代码

如图 8-9-5 所示，"连杆锚点"角色在接收到"锁定连杆锚点"消息后，将"连杆锚点"角色移到连杆的前端。然后，广播"调整游梁"消息以通知"游梁驴头"角色协调动作。

图 8-9-4 "连杆"角色的代码

图 8-9-5 "连杆锚点"角色的代码

（3）编写"游梁驴头"角色和"游梁锚点"角色的代码。

如图 8-9-6 所示，"游梁驴头"角色在接收到"调整游梁"消息后，让角色面向"连杆锚点"角色并左转 180 度。即让"游梁驴头"角色背向连杆锚点，用游梁的左端与连杆连接起来。然后，广播"锁定游梁锚点"消息以通知两个游梁锚点角色调整位置和方向。

如图 8-9-7 所示，"游梁锚点 1"角色在接收到"锁定游梁锚点"消息后，将锚点移到"游梁驴头"角色的右端（驴头位置），用来和"绳子"角色进行连接。然后，广播"调整绳子"消息以通知"绳子"角色协调动作。

如图 8-9-8 所示，"游梁锚点 2"角色在接收到"锁定游梁锚点"消息后，将锚点移到"游梁驴头"角色的左端，用来和"连杆"角色进行连接。

图 8-9-6 "游梁驴头"角色的代码　　　图 8-9-7 "游梁锚点 1"角色的代码

（4）编写"绳子"角色的代码（见图 8-9-9）。

"绳子"角色在接收到"调整绳子"消息后，将"绳子"角色移到"游梁锚点 1"角色处，并将 x 坐标设为 135，从而使"绳子"角色只能进行上下运动。

图 8-9-8 "游梁锚点 2"角色的代码　　　图 8-9-9 "绳子"角色的代码

该作品的其他代码限于篇幅未能列出和说明，请在该作品的模板文件中查看代码和阅读注释。

8.10 雨刮器结构

作品描述

该动画作品用于展示雨刮器结构的运动，作品效果见图 8-10-1。电动雨刮器的运动传递系统由曲柄、连杆和摆杆等组成。蜗轮箱的旋转运动被曲柄转换为连杆的往复运动，进而

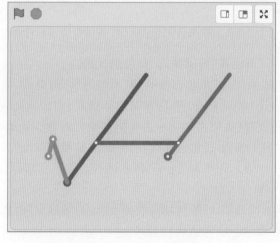

图 8-10-1 作品效果图

通过摆杆传递给雨刮片。汽车雨刮器是车辆上重要的安全设备,它可以确保驾驶员在行驶过程中有良好的视线,避免因雨水、雪或灰尘造成的视觉障碍。

💡 创作思路

该作品实现模拟雨刮器结构的运动。创建"曲柄""连杆""摆杆"等角色,以主动件"曲柄"角色作为主程序,采用消息技术实现各角色之间的联动控制,通过极坐标方式调整各个关联角色的位置和方向。当"曲柄"角色旋转时,先通知"连杆"角色调整位置和方向,再通知"摆杆"角色调整方向。为便于角色的定位,创建锚点角色若干。

📋 编程实现

先观看资源包中的作品演示视频 8-10.mp4,再打开模板文件 8-10.sb3 进行项目创作。

在该作品的模板文件中,已经预置了"曲柄""连杆""摆杆"等角色(见图 8-10-2),可以通过绘图编辑器对这些角色的造型颜色、大小等进行适当修改。

图 8-10-2　角色列表

(1)编写"曲柄"角色的代码(见图 8-10-3)。

在项目运行后,在一个循环结构中,先调用"全部擦除"积木清除舞台上绘制的内容(连杆和摆杆 1 使用画笔绘制),然后调用"左转"积木让"曲柄"角色逆时针旋转,实现等速转动。同时,广播"调整连杆"消息以通知"连杆"角色协调动作。

(2)编写"连杆"角色和"连杆锚点"角色的代码。

如图 8-10-4 所示,"连杆"角色在接收到"调整连杆"消息后,将"连杆"角色移到"曲柄"角色的前端,并面向"摆杆锚点 1"角色。即用连杆将曲柄和摆杆 1 连接起来。然后,广播"锁定连杆锚点"消息以通知"连杆锚点"角色调整位置和方向。

图 8-10-3　"曲柄"角色的代码　　　　图 8-10-4　"连杆"角色的代码

如图 8-10-5 所示，"连杆锚点"角色在接收到"锁定连杆锚点"消息后，将连杆锚点移到连杆的前端，然后广播"调整摆杆"消息以通知"摆杆 1"角色协调动作。

（3）编写"摆杆"角色和"摆杆锚点"角色的代码。

如图 8-10-6 所示，"摆杆 1"角色在接收到"调整摆杆"消息后，让角色背向连杆锚点（面向连杆锚点、右转 180 度），即用"摆杆 1"角色的后端与"连杆"角色的前端相连接。接着，广播"锁定摆杆锚点"消息以通知两个摆杆锚点角色调整位置和方向。然后，广播"调整摆杆连接杆"消息以通知"摆杆连接杆"角色和"摆杆 2"角色协调动作。

图 8-10-5 "连杆锚点"角色的代码　　　　图 8-10-6 "摆杆 1"角色的代码

如图 8-10-7 和图 8-10-8 所示，通过发送"锁定摆杆锚点"消息让"摆杆锚点 1"角色和"摆杆锚点 2"角色分别固定在"摆杆 1"角色的后端和中间位置。即使用"摆杆 1"角色将"连杆"角色和"摆杆连接杆"角色组合起来。

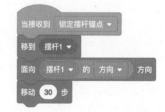

图 8-10-7 "摆杆锚点 1"角色的代码　　　　图 8-10-8 "摆杆锚点 2"角色的代码

（4）编写"摆杆连接杆"角色和"摆杆 2"角色的代码。

如图 8-10-9 所示，"摆杆连接杆"角色在接收到"调整摆杆连接杆"消息后，将角色移到"摆杆锚点 2"角色处，并面向 90 度方向，使摆杆连接杆呈水平运动状态。

如图 8-10-10 所示，"摆杆 2"角色在接收到"调整摆杆连接杆"消息后，将角色面向"摆杆 1"角色的方向，即使其跟随"摆杆 1"角色不停地旋转，两者保持平行状态。

图 8-10-9 "摆杆连接杆"角色的代码　　　　图 8-10-10 "摆杆 2"角色的代码

（5）编写"画连杆"和"画摆杆 1"角色的代码（见图 8-10-11 和图 8-10-12）。

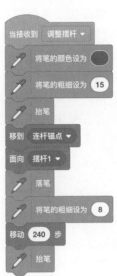

图 8-10-11 "画连杆"角色的代码　　图 8-10-12 "画摆杆 1"角色的代码

在接收到"调整摆杆"消息后，"画连杆"角色和"画摆杆 1"角色通过"画笔"积木分别绘制出"连杆"角色和"摆杆 1"角色的外观。这样是为了避免使用角色造型呈现角色外观而出现的一些位置偏差。

该作品的其他代码限于篇幅未能列出和说明，请在该作品的模板文件中查看代码和阅读注释。

8.11 星形发动机结构

作品描述

该动画作品用于展示星形发动机结构的运动，作品效果见图 8-11-1。星形发动机是一

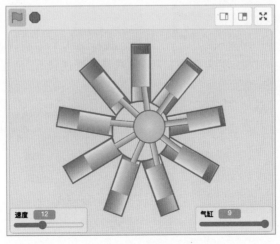

图 8-11-1 作品效果图

种往复式内燃机,气缸环绕曲轴呈星形排列,中央是一个中心轴,每个气缸沿着中心轴的放射线排列。每个气缸都独立地运作,它们的排气阀和进气阀由凸轮轴控制。在活塞运动过程中,它们的运动速度和方向相对于中心轴是相同的。

 创作思路

该作品实现模拟星形发动机结构的运动。创建"中心轴""连杆""活塞""气缸"等角色,以"中心轴"角色作为主程序,采用消息技术实现各角色之间的联动控制,通过极坐标方式调整各个关联角色的位置和方向。当"中心轴"角色转动时,通知"轴心""连杆"和"活塞"角色(克隆体)调整位置和方向。

编程实现

先观看资源包中的作品演示视频 8-11.mp4,再打开模板文件 8-11.sb3 进行项目创作。

在该作品的模板文件中,已经预置了"中心轴""连杆""气缸""活塞"等角色(见图 8-11-2),可以通过绘图编辑器对这些角色的造型颜色、大小等进行适当修改。

图 8-11-2　角色列表

(1) 编写"中心轴"角色的代码(见图 8-11-3)。

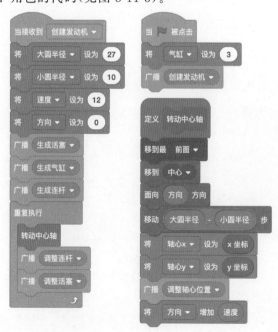

图 8-11-3　"中心轴"角色的代码

在项目运行后,通过广播"创建发动机"消息以创建一台指定气缸数量的星形发动机模型。在接收"创建发动机"消息的代码中,依次广播"生成活塞""生成气缸""生成连杆"3个消息以构造发动机气缸的各部件。之后,在一个循环结构中,调用"转动中心轴"过程,使"中心轴"角色按指定的速度旋转起来。同时,广播"调整连杆"和"调整活塞"两个消息以通知各个"连杆""活塞""气缸""气体"等角色(克隆体)协调动作。

(2)编写生成"活塞""气缸"和"连杆"等角色克隆体的代码。

如图8-11-4所示,"活塞"角色在接收到"生成活塞"消息后,根据"气缸"变量的值创建指定数量的活塞克隆体,通过私有变量"方向"使活塞克隆体呈辐射状排列。同时,将活塞克隆体的x坐标、y坐标、方向、到"中心"角色(固定在舞台中心)的距离等分别记录到全局的X列表、Y列表、"方向"列表、"距离"列表,供其他角色(克隆体)共同使用。

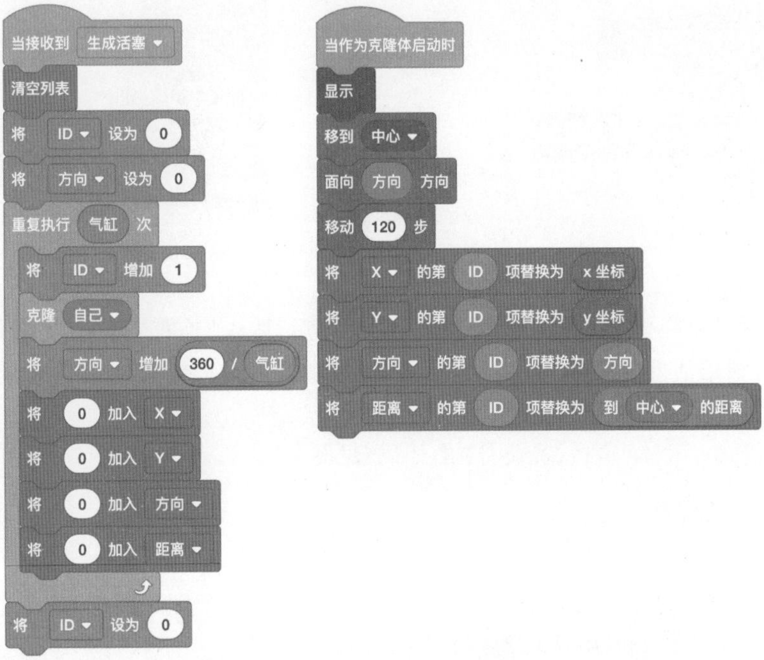

图 8-11-4　生成活塞克隆体的代码

另外,"连杆""气缸""气体"等角色也需要根据"气缸"变量的值创建指定数量的克隆体。

(3)编写调整"连杆"角色(克隆体)的代码(见图8-11-5)。

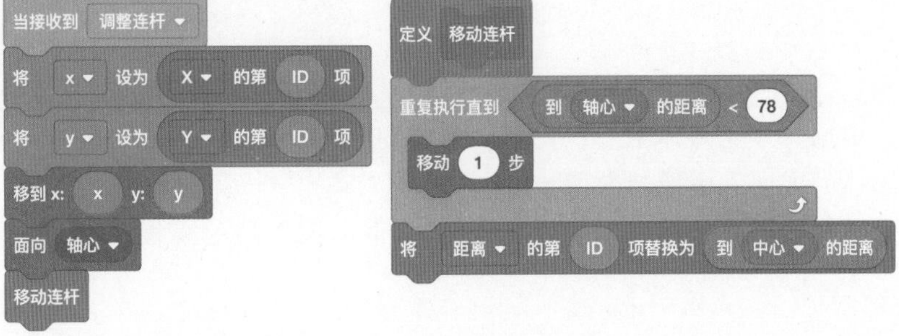

图 8-11-5　调整"连杆"角色(克隆体)的代码

"连杆"角色(克隆体)在接收到"调整连杆"消息后，根据克隆体ID值找到对应的活塞克隆体的坐标作为连杆克隆体的坐标，并面向"轴心"角色。即用连杆将活塞和中心轴连接起来。然后，调用"移动连杆"过程，使连杆克隆体靠近"中心轴"角色。最后，将连杆克隆体到"中心"角色的距离更新到"距离"列表中对应ID的项目中。

(4) 编写调整"气缸"角色(克隆体)的代码(见图8-11-6)。

"气缸"角色(克隆体)在接收到"调整连杆"消息后，跟随"连杆"角色(克隆体)一起调整位置和方向。根据气缸克隆体ID值从"方向"列表中获取对应的方向数据来调整气缸克隆体的方向。

(5) 编写调整"活塞"角色(克隆体)的代码(见图8-11-7)。

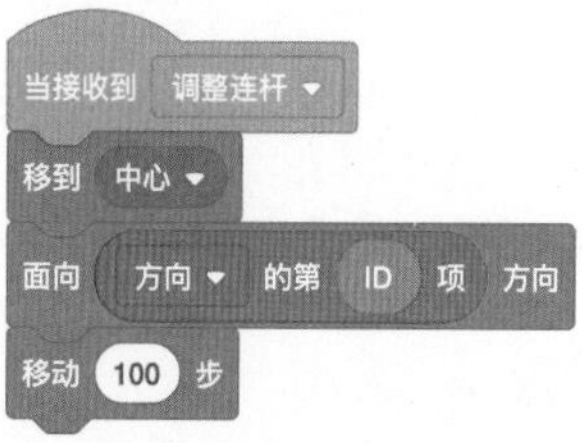

图 8-11-6　调整气缸(克隆体)位置和方向　　　图 8-11-7　调整活塞(克隆体)位置和方向

"活塞"角色(克隆体)在接收到"调整连杆"消息后，跟随"连杆"角色(克隆体)一起调整位置和方向。根据活塞克隆体ID值从"距离"列表中获取对应的距离数据来调整活塞克隆体的位置。

(6) 编写调整"气体"角色(克隆体)的代码(见图8-11-8)。

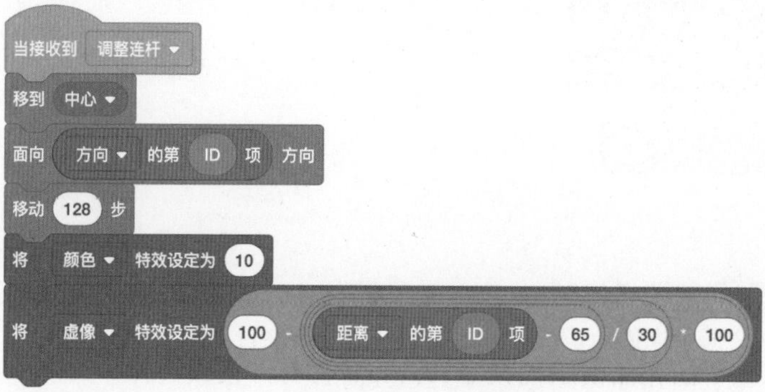

图 8-11-8　调整气体(克隆体)位置、方向和外观

"气体"角色(克隆体)在接收到"调整连杆"消息后，跟随"连杆"角色(克隆体)一起调整位置和方向。根据气体克隆体ID值分别从"方向"列表和"距离"列表中获取对应的数据来调整气体克隆体的方向和虚像特效值。

该作品的其他代码限于篇幅未能列出和说明，请在该作品的模板文件中查看代码和阅读注释。

8.12　钥匙开锁原理

作品描述

该动画作品用于展示使用钥匙打开弹子锁的原理,作品效果见图 8-12-1。弹子锁是一种最常见的锁具结构,其原理是使用多个不同高度的圆柱形零件(称为锁簧、弹子或珠)锁住锁芯。当放入正确的钥匙时,各锁簧被推至相同的高度,锁芯便被放开。

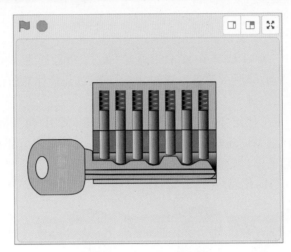

图 8-12-1　作品效果图

创作思路

该作品实现模拟使用钥匙打开弹子锁的过程。创建"弹子"角色,为其绘制 7 个不同长度的弹子造型,运行时用克隆方式生成 7 个弹子并排列在锁芯上。创建"钥匙"角色,为其在与弹子接触部分绘制凹凸不平的锯齿,并且使得接触的 7 个弹子末端处于同一水平线上。当钥匙进入或退出锁芯时,通知各个弹子克隆体与"钥匙"角色调整上下位置,使之与钥匙锯齿部分保持贴合状态。

编程实现

先观看资源包中的作品演示视频 8-12.mp4,再打开模板文件 8-12.sb3 进行项目创作。

在该作品的模板文件中,已经预置了"钥匙""弹子""锁心"等角色(见图 8-12-2),可以通过绘图编辑器对这些角色的造型颜色、大小等进行适当修改。

图 8-12-2　角色列表

（1）编写"钥匙"角色的代码（见图 8-12-3）。

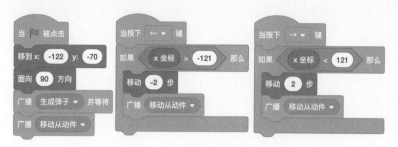

图 8-12-3 "钥匙"角色的代码

在项目运行后，先广播"生成弹子"消息以通知"弹子"角色创建 7 个弹子克隆体并排列在锁芯上，然后广播"移动从动件"消息以通知"弹子"角色（克隆体）进行碰撞检测，使各个弹子落入锁芯底部，表示已上锁。

在"钥匙"角色中，定义使用"向右键"将钥匙插入锁芯，使用"向左键"将钥匙移出锁芯。通过广播"移动从动件"消息以通知"弹子"角色（克隆体）与钥匙进行碰撞检测，使各个弹子被弹开并紧密贴合钥匙的锯齿轮廓或者落入锁芯底部。

（2）编写"弹子"角色的代码（见图 8-12-4）。

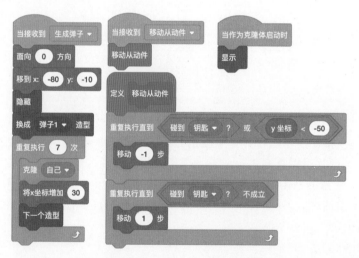

图 8-12-4 "弹子"角色的代码

"弹子"角色在接收到"生成弹子"消息后，创建 7 个弹子克隆体，每个弹子克隆体使用一个不同长度的弹子造型，并把它们以一定间隔呈水平排列在锁芯上。

弹子克隆体在接收到"移动从动件"消息后，将与"钥匙"角色进行碰撞检测并移动弹子克隆体。先让弹子克隆体向下移动，使其碰到"钥匙"角色，或者到达锁芯底部（"y 坐标"小于−50）；然后让弹子克隆体向上移动，直到不碰到"钥匙"角色为止。这样使得弹子克隆体紧密贴合在钥匙锯齿边缘，或者落入锁芯底部。

该作品的其他代码限于篇幅未能列出和说明，请在该作品的模板文件中查看代码和阅读注释。

第9章 自动控制

9.1 猫追老鼠（单点巡线）

作品描述

该作品采用单点巡线的方式控制小猫和老鼠两个角色在一个椭圆路线上运动，作品效果见图 9-1-1。

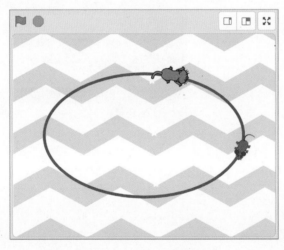

图 9-1-1　作品效果图

创作思路

该作品采用单点巡线的方式控制角色在路线上运动。在角色的造型图片上绘制一个红色圆点，利用红色与路线上的蓝色进行颜色碰撞检测，约束红点始终压着蓝色路线，从而控制角色沿着蓝色路线运动。

编程实现

先观看资源包中的作品演示视频 9-1.mp4，再打开模板文件 9-1.sb3 进行项目创作。

在该作品的模板文件中，已经预置了"小猫"角色、"老鼠"角色和"路线"角色。"路线"角色是一个蓝色的椭圆形,可以在绘图编辑器中修改。"小猫"和"老鼠"角色取自 Scratch 角色库,需要切换到角色的造型编辑区,使用绘图编辑器把小猫和老鼠的鼻子填充为红色,利用该颜色进行碰撞检测。也可以修改为其他颜色,只要与角色代码相匹配即可。

　　如图 9-1-2 所示,这是控制"小猫"角色运动的代码。在项目运行后,利用一个循环结构让"小猫"角色不停地向前移动。如果"小猫"角色的鼻子(红色)没有碰到路线(蓝色),则表示它已经偏离路线,那么就调用"右转寻路"过程让"小猫"角色重新寻找并回到路线上。

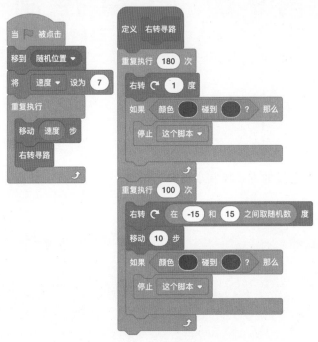

图 9-1-2　"小猫"角色的代码

　　"右转寻路"过程采用先近后远的策略寻找路线,直到找到路线为止。具体方法是,先让"小猫"角色尝试在其顺时针方向 180 度(右转 1 度、重复执行 180 次)的范围内寻找附近的路线,如果碰到路线(红色碰到蓝色)则退出该过程。否则,说明"小猫"角色距离"路线"角色较远。这时让"小猫"角色随机向右旋转(右转角度取−15 到 15 之间的随机数)并向前移动10 步,如此重复 100 次尝试寻找远处的路线,如果碰到路线(红色碰到蓝色)则退出该过程。先近后远,交替进行,直到找到路线为止。

　　注意,在创建"右转寻路"过程时,需要勾选"运行时不刷新屏幕",以加快该过程的执行速度,使"小猫"角色能够快速寻找到路线。

　　"老鼠"角色的代码与之相同,参照"小猫"角色的代码编写即可。为了让小猫能够快一点追上老鼠,可以让"老鼠"角色的移动速度略慢于"小猫"角色。

9.2　猫追老鼠(双点巡线)

作品描述

　　该作品采用双点巡线的方式控制小猫和老鼠两个角色在一个海豚形状的弯曲路线上运

动,作品效果见图 9-2-1。

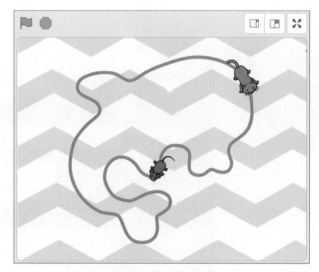

图 9-2-1 作品效果图

 创作思路

　　该作品采用双点巡线的方式控制角色在路线上运动。在角色的造型图片上绘制一个红色圆点和一个蓝色圆点,利用红色和蓝色与路线上的绿色进行颜色碰撞检测,约束绿色路线位于红点和蓝点之间,从而控制角色沿着绿色路线运动。

编程实现

　　先观看资源包中的作品演示视频 9-2.mp4,再打开模板文件 9-2.sb3 进行项目创作。

　　在“小猫”角色的造型图片上,分别在小猫头部的左眼和右眼旁边画出一个红色的圆点和一个蓝色的圆点,代表小猫头部的左、右两个颜色探头。

　　该作品主要是对“小猫”角色进行编程,下面对核心功能进行说明。

　　如图 9-2-2 所示,在“小猫”角色的主程序中,先对“小猫”角色的位置和速度进行设置,然后在循环结构中不停地调用“前进……步”过程控制小猫向前运动。

　　在“前进……步”过程中,小猫每前进一步,就依次检测两个颜色探头是否碰到路线,并及时调整方向前进。如果左边的红色探头碰到路线的绿色,那么就让小猫进行左转操作(不断左转,直到离开路线,即不碰到绿色);如果右边的蓝色探头碰到路线的绿色,那么就让小猫进行右转操作(不断右转,直到离开路线,即不碰到绿色)。如此反复,就可以让小猫在曲折的路线上运动。

　　注意,“前进……步”过程需要勾选“运行时不刷新屏幕”以加快程序运行速度。

　　“老鼠”角色的代码与之相同,参照“小猫”角色的代码编写即可。

　　该作品的其他代码限于篇幅未能列出和说明,请在该作品的模板文件中查看代码和阅读注释。

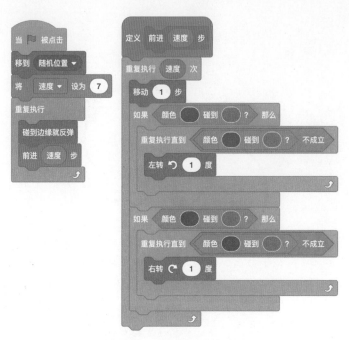

图 9-2-2　"小猫"角色的代码

9.3　猫追老鼠（三点巡线）

作品描述

　　该作品采用三点巡线的方式控制小猫和老鼠两个角色在一个恐龙形状的弯曲路线上运动，作品效果见图 9-3-1。

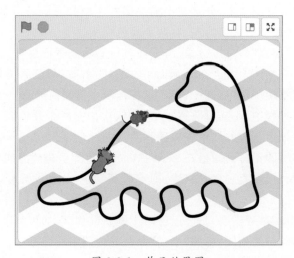

图 9-3-1　作品效果图

 创作思路

该作品采用三点巡线的方式控制角色在路线上运动。在角色的造型图片上按左、中、右的顺序绘制红色、黄色和蓝色 3 个圆点，利用红色、黄色和蓝色与路线上的黑色进行颜色碰撞检测，约束黑色路线位于红点和蓝点之间并且始终压着中间的黄点，从而控制角色沿着黑色路线运动。

编程实现

先观看资源包中的作品演示视频 9-3.mp4，再打开模板文件 9-3.sb3 进行项目创作。

在"小猫"角色的造型图片上，分别在小猫头部的左眼、鼻子和右眼旁边画出红、黄、蓝 3 个颜色的圆点，代表小猫头部的左、中、右 3 个颜色探头。

该作品主要是对"小猫"角色进行编程，下面对核心功能进行说明。

如图 9-3-2 所示，在"小猫"角色的主程序中，先对"小猫"角色的位置和速度进行设置，然后在循环结构中不停地调用"前进……步"过程控制小猫向前运动。

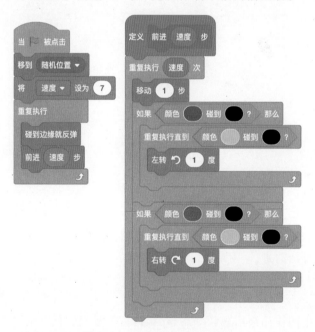

图 9-3-2 "小猫"角色的代码

在"前进……步"过程中，小猫每前进一步，就依次检测 3 个颜色探头是否碰到路线，并及时调整方向，确保黄色探头始终压着黑色的路线。如果左边的红色探头碰到路线的黑色，那么就让小猫进行左转操作（不断左转，直到黄色探头碰到路线的黑色）；如果右边的蓝色探头碰到路线的黑色，那么就让小猫进行右转操作（不断右转，直到黄色探头碰到路线的黑色）。如此反复，就可以让小猫在曲折的路线上运动。

注意，"前进……步"过程需要勾选"运行时不刷新屏幕"以加快程序运行速度。

"老鼠"角色的代码与之相同，参照"小猫"角色的代码编写即可。

该作品的其他代码限于篇幅未能列出和说明,请在该作品的模板文件中查看代码和阅读注释。

9.4 自动行驶小车(无探头)

作品描述

该作品采用角色碰撞侦测的方式控制一辆小车在不规则的道路中自动行驶,作品效果见图9-4-1。

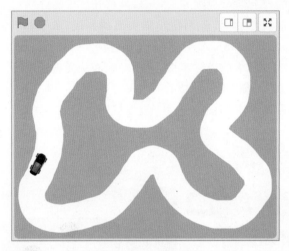

图 9-4-1 作品效果图

创作思路

该作品采用先左后右的策略进行角色碰撞侦测以实现小车的自动行驶。小车在前进时,如果碰到道路边缘,就向左转一个角度后继续前进;如果再碰到道路边缘,就向右旋转一个更大的角度后继续前进。

编程实现

先观看资源包中的作品演示视频9-4.mp4,再打开模板文件9-4.sb3进行项目创作。

图 9-4-2 角色列表

该作品用到的2个角色见图9-4-2。其中,"地形"角色提供多个复杂曲折的道路场景供小车行驶。在使用矢量图模式绘制道路场景时,可以先用矩形工具绘制一个大于舞台区域的彩色矩形,然后用大小为100的橡皮工具在矩形上擦除出曲折的道路。

该作品主要是对"小车"角色进行编程,下面对核心功能进行说明。

如图9-4-3所示,在"小车"角色的主程序中,先对"小车"角色的大小、位置、方向和"速度"变量进行设置,然后在循环结构中不停地调用"前进……步"过程控制小车向前行驶。

在"前进……步"过程中,小车每前进一步,就检测是否碰到"地形"角色,并及时调整前

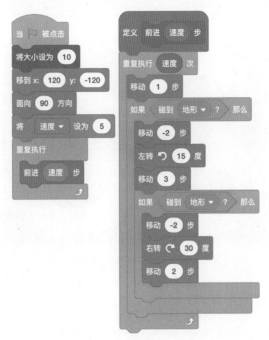

图 9-4-3 "小车"角色的代码

进方向。当碰到"地形"角色时,就让小车进行左转操作(后退 2 步、向左转 15 度、前进 3 步);如果再次碰到"地形"角色,就让小车进行右转操作(后退 2 步、向右转 30 度、前进 2 步)。如此反复,就可以让小车在曲折的道路中自动行驶。根据制作的地形图中道路的复杂程度,可适当调整小车向左或向右旋转的角度值或移动步数。

注意,"前进……步"过程需要勾选"运行时不刷新屏幕"以加快程序运行速度。

该作品的其他代码限于篇幅未能列出和说明,请在该作品的模板文件中查看代码和阅读注释。

9.5 自动行驶小车(单探头)

作品描述

该作品采用单探头侦测的方式控制一辆小车在不规则的道路中自动行驶,作品效果见图 9-5-1。

创作思路

该作品与前例类似,将角色碰撞侦测改为颜色碰撞侦测,仍然采用先左后右的策略控制小车自动行驶。小车在前进时,如果小车前部的红色碰到道路边缘的橙黄色,就向左转一个角度后继续前进;如果再次碰到道路边缘的橙黄色,就向右旋转一个更大的角度后继续前进。

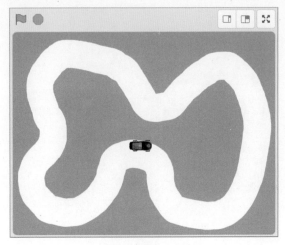

图 9-5-1　作品效果图

编程实现

先观看资源包中的作品演示视频 9-5.mp4，再打开模板文件 9-5.sb3 进行项目创作。

在"小车"角色的造型图片上，在车头的中间位置画出一个红色的圆点，代表小车头部的颜色探头。

该作品主要是对"小车"角色进行编程，下面对核心功能进行说明。

如图 9-5-2 所示，在"小车"角色的主程序中，先对"小车"角色的大小、位置、方向和"速度"变量进行设置，然后在循环结构中不停地调用"前进……步"过程控制小车向前行驶。

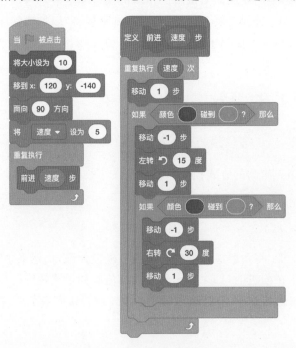

图 9-5-2　"小车"角色的代码

在"前进……步"过程中,小车每前进一步,就检测红色探头是否碰到道路边缘的橙黄色,并及时调整方向前进。当红色探头碰到道路边缘的橙黄色时,就先让小车进行左转操作(后退1步、向左转15度、前进1步);如果再次碰到道路边缘的橙黄色,就接着让小车进行右转操作(后退1步、向右转15度、前进1步)。如此反复,就可以让小车在曲折的道路中自动行驶。根据制作的地形图中道路的复杂程度,可适当调整小车向左或向右旋转的角度值或移动步数。

注意,"前进……步"过程需要勾选"运行时不刷新屏幕"以加快程序运行速度。

该作品的其他代码限于篇幅未能列出和说明,请在该作品的模板文件中查看代码和阅读注释。

9.6　自动行驶小车(双探头)

作品描述

该作品采用双探头侦测的方式控制一辆小车在不规则的道路中自动行驶,作品效果见图 9-6-1。

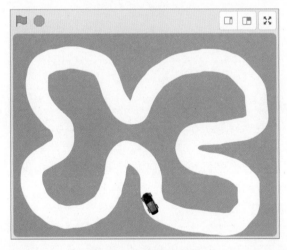

图 9-6-1　作品效果图

创作思路

该作品使用左右两个颜色探头侦测道路的方式控制"小车"角色向前移动。小车向前行驶时,如果左探头碰到道路边缘则向右转,如果右探头碰到道路边缘则向左转。

编程实现

先观看资源包中的作品演示视频 9-6.mp4,再打开模板文件 9-6.sb3 进行项目创作。

在"小车"角色的造型图片上,分别在车头的左灯和右灯位置画出一个红色的圆点和一个蓝色的圆点,代表小车头部的左、右两个颜色探头。

该作品主要是对"小车"角色进行编程,下面对核心功能进行说明。

如图 9-6-2 所示，在"小车"角色的主程序中，先对"小车"角色的大小、位置、方向和"速度"变量进行设置，然后在循环结构中不停地调用"前进……步"过程控制小车向前行驶。

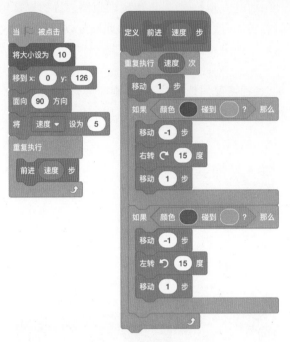

图 9-6-2   "小车"角色的代码

在"前进……步"过程中，小车每前进一步，就依次检测两个颜色探头是否碰到道路边缘的绿色，并及时调整方向前进。如果左边的红色探头碰到道路边缘的绿色，那么就让小车进行右转操作（后退 1 步、向右转 15 度、前进 1 步）；如果右边的蓝色探头碰到道路边缘的绿色，那么就让小车进行左转操作（后退 1 步、向左转 15 度、前进 1 步）。如此反复，就可以让小车在曲折的道路中自动行驶。根据制作的地形图中道路的复杂程度，可适当调整小车向左或向右旋转的角度值或移动步数。

注意，"前进……步"过程需要勾选"运行时不刷新屏幕"以加快程序运行速度。

该作品的其他代码限于篇幅未能列出和说明，请在该作品的模板文件中查看代码和阅读注释。

9.7   自动行驶小车（四探头）

❓ 作品描述

该作品采用四探头侦测的方式控制一辆小车在不规则的道路中自动行驶，作品效果见图 9-7-1。

💡 创作思路

该作品使用 4 个颜色探头侦测道路的方式控制"小车"角色向前移动。4 个探头分别安放在"小车"角色 4 个车灯位置（前左、前右、后左、后右），每个探头负责一个方向的道路侦

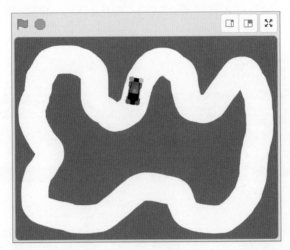

图 9-7-1 作品效果图

测,并及时调整小车的方向。

编程实现

先观看资源包中的作品演示视频 9-7.mp4,再打开模板文件 9-7.sb3 进行项目创作。

在"小车"角色的造型图片上,分别在小车前后四个车灯位置画出红、蓝、黄、绿 4 个颜色的圆点,分别代表小车的 4 个颜色探头。

该作品主要是对"小车"角色进行编程,下面对核心功能进行说明。

如图 9-7-2 所示,在"小车"角色的主程序中,先对"小车"角色的位置、方向和"速度"变量进行设置,然后在循环结构中不停地调用"前进……步"过程控制小车向前行驶。

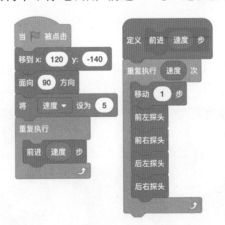

图 9-7-2 主程序和"前进……步"过程的代码

在"前进……步"过程中,小车每前进一步,就依次调用"前左探头""前右探头""后左探头"和"后右探头"4 个过程对"小车"角色 4 个方向的道路进行颜色侦测。如此反复,就可以让小车在曲折的道路中自动行驶。该过程需要勾选"运行时不刷新屏幕"以加快程序运行速度。

如图 9-7-3 所示，这 4 个过程分别实现"小车"角色利用 4 个颜色探头侦测道路并调整前进方向。

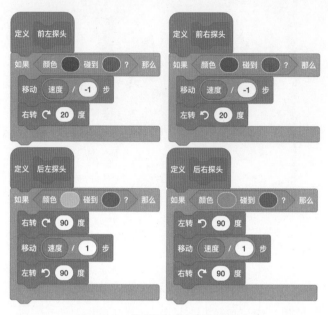

图 9-7-3　控制"小车"角色的方向

该作品的其他代码限于篇幅未能列出和说明，请在该作品的模板文件中查看代码和阅读注释。

9.8　自动行驶小车（减速让行）

作品描述

该作品演示自动行驶的小车在遇到行人或动物时自动让行，作品效果见图 9-8-1。

图 9-8-1　作品效果图

创作思路

在 9.6 节作品的基础上,增加自动让行的功能。通过动态侦测小车与行人或动物之间的距离,从而控制小车减速慢行,避让行人或动物。

编程实现

先观看资源包中的作品演示视频 9-8. mp4,再打开模板文件 9-8.sb3 进行项目创作。

该作品用到的 4 个角色见图 9-8-2。新增"行人"角色和"小狗"角色,用于给"小车"角色在运动时制造障碍,测试小车的减速让行功能。

图 9-8-2　角色列表

该作品主要是对"小车"角色进行编程,下面对核心功能进行说明。

如图 9-8-3 所示,在 9.6 节作品的基础上,增加"减速让行"过程,用于检测"小车"角色到"行人"角色或者"小狗"角色的距离是否小于 50,并将检测结果(true 或 false)记录到"让行"变量中。如果该变量的值为 0,则表示小车距离行人和小猫狗都比较远;否则,其值为 1 或 2,表示小车与其中一个或两个的距离较近。

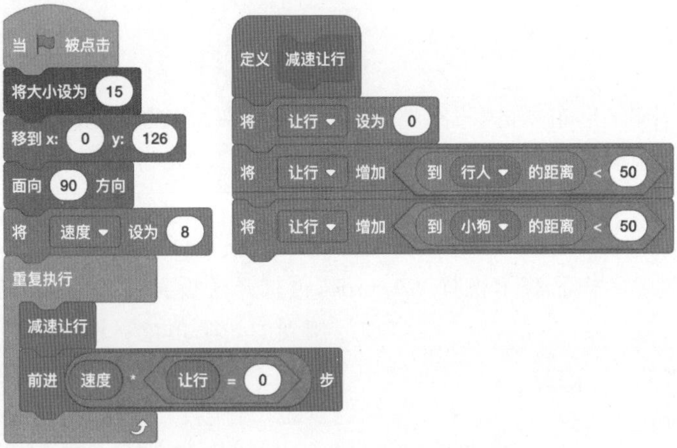

图 9-8-3　给小车增加减速让行的功能

在"小车"角色的主程序中,根据"让行"变量的值计算出小车的速度,并以此调用"前进……步"过程控制小车向前行驶。如果"让行"变量的值为 0,则逻辑表达式"让行＝0"的值为 true,否则为 false。在参与算术运算时,布尔值 true 和 false 会被自动转换为整数 1 或 0。这样就可以让小车保持原来的速度或者将速度降为 0,从而实现遇到行人或小狗时减速让行的目的。

该作品的其他代码限于篇幅未能列出和说明,请在该作品的模板文件中查看代码和阅读注释。

9.9　四旋翼飞行器（组合控制）

作品描述

该作品采用多角色组合控制的方式让一个四旋翼飞行器在不规则的通道中自动飞行，作品效果见图9-9-1。

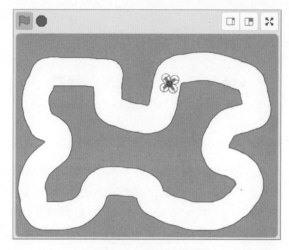

图 9-9-1　作品效果图

创作思路

设计一个呈"十"字形布局的"飞行器"角色并安装四个旋翼（克隆体），每个旋翼负责对一个方向进行角色碰撞侦测，并通过广播消息的方式通知"飞行器"角色改变前进方向。

编程实现

先观看资源包中的作品演示视频9-9.mp4，再打开模板文件9-9.sb3进行项目创作。

图 9-9-2　角色列表

该作品用到的3个角色见图9-9-2。其中，"飞行器"角色是一个"十"字形的结构，可以安装4个旋翼，构成一个完整的四旋翼飞行器；"旋翼"角色是一个带有保护环的螺旋桨；"地形"角色提供多个复杂曲折的通道场景。

该作品主要是对"飞行器"角色和"旋翼"角色进行编程，下面对核心功能进行说明。

（1）编写"飞行器"角色的代码。

如图9-9-3所示，在"飞行器"角色的主程序中，先调用"初始化"过程设置"飞行器"角色的位置、方向和大小等，再广播"安装四旋翼"消息以通知"旋翼"角色创建4个旋翼克隆体并与"飞行器"角色组合在一起；然后，通过一个循环结构控制"飞行器"角色向前移动。

如图9-9-4所示，"飞行器"角色的方向控制使用接收消息的方式实现。当固定在"飞行器"角色上的4个旋翼克隆体碰到"地形"角色（通道的边缘）时，就会广播消息以通知"飞行器"角色改变方向。

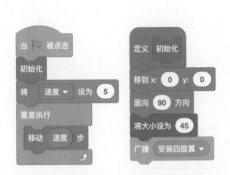

图 9-9-3　主程序和"初始化"过程的代码

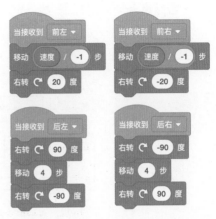

图 9-9-4　控制"飞行器"角色的方向

（2）编写"旋翼"角色的代码。

在"旋翼"角色中，当接收到"安装四旋翼"消息后，将会创建 4 个旋翼克隆体，每个克隆体使用私有变量 ID 进行区别。如图 9-9-5 所示，在旋翼克隆体启动后，会一直调用"固定旋翼"过程将自身以极坐标的方式固定在"飞行器"角色的一个方位上，并且根据私有变量"旋转方向"的值使旋翼克隆体不停地旋转。

如图 9-9-6 所示，当旋翼克隆体碰到"地形"角色后，将会根据克隆体 ID 值从"方位"列表中取出自身的方位，并以此向"飞行器"角色广播消息，通知"飞行器"角色改变前进方向。

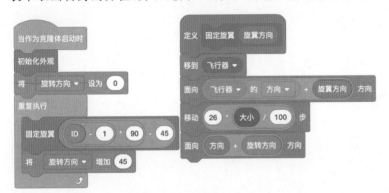

图 9-9-5　将旋翼克隆体固定到"飞行器"角色上

图 9-9-6　旋翼克隆体向"飞行器"角色广播消息

该作品的其他代码限于篇幅未能列出和说明，请在该作品的模板文件中查看代码和阅读注释。

9.10　摸墙走迷宫（左/右手法则）

作品描述

该作品演示一个具有 3 个探头的机器人采用摸墙算法实现自动走迷宫，作品效果见

图 9-10-1。迷宫复杂而曲折且只有一个出口，机器人被放置在迷宫的最深处。只要机器人用一只手始终摸着墙向前行走，就一定能走到迷宫的出口。

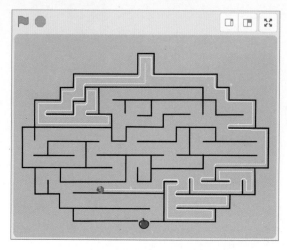

图 9-10-1　作品效果图

创作思路

该作品采用摸墙算法实现自动走迷宫。摸墙算法是一种运用左手法则或右手法则搜索迷宫路径的简单算法。左手法则：一直用左手摸着墙走，遇到分岔路口就往左拐，最后就能走到出口；右手法则：与左手法则相反，右手摸着墙，遇见路口往右，直到走到出口。

编程实现

先观看资源包中的作品演示视频 9-10.mp4，再打开模板文件 9-10.sb3 进行项目创作。

图 9-10-2　角色列表

该作品用到的 3 个角色见图 9-10-2。其中，"迷宫地图"角色提供一个由黑色线条作为墙体构造的复杂迷宫；"机器人"角色的造型上设置有 3 个颜色探头，红色点表示头部，蓝色点表示左手，绿色点表示右手；"目标"角色是一个苹果造型，被放在迷宫的出口处。

该作品主要是对"机器人"角色进行编程，下面对核心功能进行说明。

如图 9-10-3 所示，在"机器人"角色的主程序中，先调用"初始化"过程设定"机器人"角色的位置、方向和画笔参数等；然后调用"前进碰到墙"过程使"机器人"角色碰到迷宫的墙；之后，在循环结构中不断地调用"用……手摸墙走……"过程，采用摸墙算法（可选左手法则或右手法则）从迷宫深处自动寻找一条通往迷宫出口的路径，当碰到目标角色时就表示到达迷宫出口。

"用……手摸墙走……"过程的第 1 个参数变量"方向"有两个取值（−1 表示采用左手法则，1 表示采用右手法则），代码中取值为−1；第 2 个参数变量"速度"用于设置"机器人"角色移动的速度。在该过程中，先调用"前方遇墙转向……"过程调整"机器人"角色前进的方向，并向前移动 1 步；然后调用"是否摸到墙……"过程检测"机器人"角色是否扶墙，如果

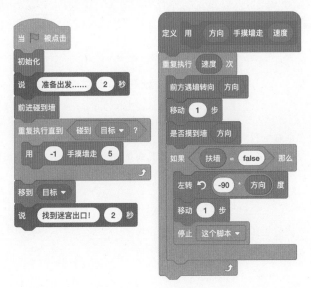

图 9-10-3 主程序和"用……手摸墙走……"过程的代码

没有扶墙,则反向旋转 90 度并向前移动 1 步,之后退出该过程;否则,重复前面的步骤,走完由"速度"参数设定的移动距离。该过程需要勾选"运行时不刷新屏幕"以加快程序运行速度。

如图 9-10-4 所示,在"前方遇墙转向……"过程中,如果机器人头部的红色探头碰到迷宫墙体的黑色,则根据参数变量"方向"向左或向右旋转 90 度(采用左手法则时向右转,采用右手法则时向左转)作为前进的方向。

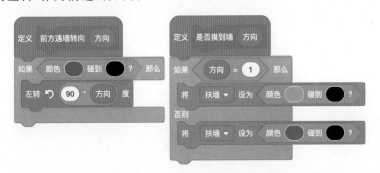

图 9-10-4 "前方遇墙转向"过程和"是否摸到墙"过程的代码

在"是否摸到墙"过程中,根据参数变量"方向"检测机器人的左手(蓝色探头)或右手(绿色探头)是否碰到迷宫墙体的黑色,并将检测结果(true 或 false)存放在变量"扶墙"中。

该作品的其他代码限于篇幅未能列出和说明,请在该作品的模板文件中查看代码和阅读注释。

参考文献

［1］谢声涛."编"玩边学：Scratch 趣味编程进阶——妙趣横生的数学和算法［M］.北京：清华大学出版社,2018.

［2］谢声涛.趣味编程三剑客：从 Scratch 到 Python 和 C++［M］.北京：清华大学出版社,2020.

［3］罗文文.Scratch 物理创意编程［M］.北京：清华大学出版社,2020.

［4］谢声涛.陪孩子玩 Scratch：在游戏编程中培养计算思维［M］.北京：中国青年出版社,2021.

［5］谢声涛.Scratch 编程从入门到精通［M］.2 版.北京：清华大学出版社,2023.